Springer-Lehrbuch

D1826804

Springer
Berlin
Heidelberg
New York
Barcelona
Hong Kong
London
Mailand
Paris
Singapur
Tokyo

Rüdiger Seydel

Einführung in die numerische Berechnung von Finanz-Derivaten

Computational Finance

Mit 34 Abbildungen, 4 Tabellen
und 36 Übungsaufgaben

 Springer

Professor Dr. Rüdiger Seydel
Mathematisches Institut
Universität zu Köln
Weyertal 86–90
50931 Köln, Deutschland
e-mail: seydel@mi.uni-koeln.de

Mathematics Subject Classification (1991): 65-01, 90-01, 90A09

Die Deutsche Bibliothek – CIP-Einheitsaufnahme

Seydel, Rüdiger:
Einführung in die numerische Berechnung von Finanz-Derivaten: computational finance / Rüdiger Seydel. –
Berlin; Heidelberg; New York; Barcelona; Hongkong; London; Mailand; Paris; Singapur; Tokio: Springer, 2000
(Springer-Lehrbuch)
ISBN 3-540-66889-6

ISBN 3-540-66889-6   Springer-Verlag Berlin Heidelberg New York

Dieses Werk ist urheberrechtlich geschützt. Die dadurch begründeten Rechte, insbesondere die der Übersetzung, des Nachdrucks, des Vortrags, der Entnahme von Abbildungen und Tabellen, der Funksendung, der Mikroverfilmung oder der Vervielfältigung auf anderen Wegen und der Speicherung in Datenverarbeitungsanlagen, bleiben, auch bei nur auszugsweiser Verwertung, vorbehalten. Eine Vervielfältigung dieses Werkes oder von Teilen dieses Werkes ist auch im Einzelfall nur in den Grenzen der gesetzlichen Bestimmungen des Urheberrechtsgesetzes der Bundesrepublik Deutschland vom 9. September 1965 in der jeweils geltenden Fassung zulässig. Sie ist grundsätzlich vergütungspflichtig. Zuwiderhandlungen unterliegen den Strafbestimmungen des Urheberrechtsgesetzes.

Springer-Verlag ist ein Unternehmen der Fachverlagsgruppe BertelsmannSpringer
© Springer-Verlag Berlin Heidelberg 2000
Printed in Germany

Die Wiedergabe von Gebrauchsnamen, Handelsnamen, Warenbezeichnungen usw. in diesem Werk berechtigt auch ohne besondere Kennzeichnung nicht zu der Annahme, daß solche Namen im Sinne der Warenzeichen- und Markenschutz-Gesetzgebung als frei zu betrachten wären und daher von jedermann benutzt werden dürften.

Satz: Datenerstellung durch den Autor unter Verwendung eines Springer TEX-Makropakets
Einbandgestaltung: *design & production* GmbH, Heidelberg

Gedruckt auf säurefreiem Papier   SPIN: 10746933   44/3143CK - 5 4 3 2 1 0

Vorwort

Der Umgang mit modernen Finanz-Derivaten erfordert den Einsatz von Mathematik. In den letzten Jahren sind eine Vielzahl von Büchern zu dem Thema *Mathematical Finance* erschienen. Die Themenwahl entnimmt ihre Schwerpunkte aus einem breiten Gebiet, von der Erklärung und Anwendung der Finanzprodukte bis hin zur Aufarbeitung tiefer mathematischer Fragen. Das Spektrum reicht von der Beschreibung von Hebeln bis zur Martingaltheorie. In der Finanzmathematik ist ein Zugang über Stochastik üblich.

Ein Aspekt von Finanz-Derivaten wird eher selten geschildert: Letztlich müssen die Finanz-Werte so gut es geht mit dem Computer *berechnet* werden. Die hier benötigten Methoden der *Computational Finance* sind in Softwarepaketen installiert. Relativ wenig Insider wissen, was in solchen *black boxes* passiert. Das Wissen um die numerischen Methoden für Finanz-Derivate liegt in Händen von Spezialisten, die zum Teil als *rocket scientists* mit einer Aura des Geheimnisvollen umgeben wurden. Solche Bezeichnungen deuten an, dass die Numerik von Finanz-Derivaten schwer zugänglich sein könnte. Hier setzt dieses Buch an. Es versucht, eine Einführung in *Computational Finance* zu geben.

Der interdisziplinären Thematik entsprechend soll das Buch lesbar sein für Finanzwirtschaftler, für Stochastiker, und für die Klientel der Numerischen Mathematik und des Wissenschaftlichen Rechnens. Dieser fachübergreifende Anspruch bedingt eine Konzentration auf die Diskussion allgemeiner Prinzipien unter Verzicht auf spezielle Details. Eine Möglichkeit der Stoffauswahl wäre der Versuch, umfassend die Methoden aller drei Teilgebiete zu diskutieren. Einen solchen Weg geht dieses Buch nicht. Der Schwerpunkt liegt eindeutig auf der numerischen Seite. Dieses Buch soll andere Bücher *ergänzen* um die Grundlagen der Numerischen Berechnung von Optionen. Die Einführung in die Finanz-Derivate beschränkt sich auf einen Kern von Standard-Optionen, und der Einblick in die Theorien der Finanzmathematik ist minimal gehalten. Es werden weder exotische Optionen erklärt noch Martingaltheorie oder Itô-Integrale eingeführt. Trotzdem ist die Darstellung nicht so knapp, dass sie nicht aus sich heraus zu verstehen wäre.

Der schnelle Einstieg dieses Buches gründet auf einem *experimentellen Zugang*. Die Algorithmen werden so weit erklärt, dass der Leser wichtige numerische Instrumente im Rechner implementieren kann. Mit diesen eigenen Werkzeugen soll der Leser mit Experimenten selbst auf Entdeckungsreise gehen und so ein anschauliches Gefühl für Aspekte der Stochastik und für die Dynamik von Optionen erhalten. Mit diesem *learning by calculating* kann auch ein Leser ohne Kenntnis von Finanzmathematik hier einsteigen, dabei hoffentlich auf den Geschmack kommen und dann motiviert tiefer eindringen. So ist dieses Buch auch als Anregung gedacht. Weiterführende Literatur wird jeweils angegeben.

Der Leser braucht als Voraussetzung eine mathematische Grundausbildung, wie man sie in vielen Fachrichtungen in den ersten 3 Semestern erfährt. Der Stil ist eher informell. Übungsaufgaben unterschiedlicher Schwierigkeit dienen der Abrundung und Einübung. Lösungshinweise finden sich im Internet unter *http://www.mi.uni-koeln.de/numerik/compfin*.

Das Buch gliedert sich in fünf Kapitel und sechs Anhänge. Das Kapitel 1 führt in die Thematik ein und stellt auch gleich einen einfachen Baum-Algorithmus vor, um Optionen berechnen zu können. Das Kapitel 2 diskutiert die Berechnung von Zufallszahlen im Rechner, was letztlich in deterministischer Weise geschieht. Im Kapitel 3 wird in die Integration Stochastischer Differentialgleichungen eingeführt und damit eine Grundlage von Monte-Carlo-Verfahren vorgestellt. Die Berechnung von Black-Scholes-Gleichungen und Ungleichungen ist das große Thema von Kapitel 4; hier werden als Grundlage finite Differenzen verwendet. Das letzte Kapitel 5 gibt einen Einblick in das umfangreiche Gebiet der Methoden finiter Elemente. Die Anlagen schließlich stellen einige Grundlagen und Ergänzungen zusammen. Die Literaturangaben konzentrieren sich zumeist auf die Anmerkungen am Schluß der Kapitel.

Dieses Buch beschreibt Algorithmen zur Berechnung von Finanz-Derivaten. Hier ist eine Warnung am Platz. Numerische Resultate können nicht besser sein als die zugrundeliegenden Modelle. Die Numerik sorgt für eine gute Auswertung der Modelle, die nach Möglichkeit schnell und genau erfolgt. Die numerischen Resultate können bei der Verbesserung der Modelle hilfreich sein. Dieses Buch ist jedenfalls kein Ratgeber für den praktischen Handel mit Optionen.

Das vorliegende Buch enstand aus Vorlesungen, die der Autor unter dem Titel *Numerical Finance* an der Universität Ulm gelesen hat und gerade an der Universität zu Köln liest. Motiviert wurde er durch Roland Seydel, der die Daten zu Figur 1.10 gesammelt hat. Der Text wurde von Petra Hildebrand mit großem Können und unermüdlichem Einsatz in TeX gesetzt. Dank gebührt auch Jörg Berns-Müller, Peter Kloeden, Karl Riedel und Ulrich Rieder, die in verschiedenen Phasen des Projekts hilfreiche Hinweise gegeben haben.

Köln, im Oktober 1999   Rüdiger Seydel

Inhalt

Bezeichnungen

Elemente von Optionen:

t	Zeit
T	Verfallsdatum
$S,\ S_t$	Kurs des Basiswertes
E	Basispreis, Ausübungspreis
V	Wert einer Option (V_C Wert eines Call, V_P Wert eines Put)
σ	Volatilität
r	kontinuierlicher Zinssatz (Anhang A1)

allgemeine mathematische Symbole:

$\mathbb{R}$	Menge der reellen Zahlen
$\mathbb{N}$	Menge der natürlichen Zahlen
$\mathbb{Z}$	Menge der ganzen Zahlen
$\in$	enthalten in
$\subset$	Teilmenge von
$[a,b]$	abgeschlossenes Intervall $a \le x \le b$
$[a,b)$	halboffenes Intervall $a \le x < b$ (analog $(a,b]$, (a,b))
P	Wahrscheinlichkeit
E	Erwartungswert (vgl. Anhang A2)
Var	Varianz
Cov	Kovarianz
log	natürlicher Logarithmus
$:=$	per definitionem gleich
$\doteq$	gleich bis auf Rundungsfehler
$\Longrightarrow$	Implikation
$\Longleftrightarrow$	Äquivalenz
$O(h^k)$	Landau-Symbol:
	$f(h) = O(h^k) \iff \frac{f(h)}{h^k}$ ist beschränkt
$\sim \mathcal{N}(\mu, \sigma^2)$	normalverteilt mit Erwartungswert μ und Varianz σ^2
$\sim \mathcal{U}[0,1]$	gleichverteilt auf $[0,1]$
Δt	kleine Schrittweite in t
^{tr}	transponiert
$\mathcal{C}^0[a,b]$	Menge der auf $[a,b]$ stetigen Funktionen
$\in \mathcal{C}^k[a,b]$	k-mal stetig differenzierbar

$\mathcal{L}^2$	quadratintegrierbare Funktionen
$\mathcal{H}$	Hilbertraum, Sobolev-Raum (vgl. Anhang A6)
$[0,1]^2$	Einheitsquadrat
Ω	Gebiet des $\mathbb{R}^n$, $\bar{\Omega}$ Abschluß von Ω
$\partial\Omega$	Rand von Ω

natürliche Zahlen:

$i, j, k, l, m, n, M, N, \nu$

diverse Variable:

$X_t, X(t)$	Zufallsvariable
W_t	Wiener Prozess (Definition 1.7)
$y(x, \tau)$	Lösung einer partiellen Differentialgleichung für (x, τ)
w	Näherung hierzu
h	Diskretisierungs-Schrittweite
φ	Basisfunktion (Kapitel 5)
ψ	Testfunktion (Kapitel 5)
g	häufig verwendete Funktion (ab Abschnitt 4.5.4)

Abkürzungen:

DAX	Deutscher Aktienindex
ODE	Ordinary Differential Equation
SDE	Stochastic Differential Equation
SOR	Successive Overrelaxation
supp(f)	Support oder Träger einer Funktion f: $\{x \in \Omega \mid f(x) \neq 0\}$

organisatorische Hinweise:

(2.6)	Nummer der Gleichung (2.6)
$\longrightarrow$	Hinweis (z.B. auf Übungsaufgabe)

Kapitel 1 Grundlagen

1.1 Optionen

Was verstehen wir unter einer Option? Eine Option ist ein Finanzinstrument, mit dem auf steigende oder auf fallende Kurse eines Basiswertes gesetzt wird. Der zur Option gehörende **Basiswert** ist typischerweise eine Aktie oder ein Bündel von Aktien eines Unternehmens. Andere Beispiele von Basiswerten sind ein Aktienindex (wie der DAX) oder eine Währung. Da die Optionen vom jeweils zugrundeliegenden Basiswert abgeleitet sind, heißen sie auch *Derivate* ($\longrightarrow$ Anhang A1). Die Akteure in der Options-Arena sind der *Stillhalter* (engl. *writer*), der die Option emittiert und ihre Ausstattung festlegt, und der *Anleger*, der die Option kauft und dann als *Inhaber* (*holder*) je nach Marktlage Entscheidungen treffen muss. (Zu den Entscheidungen kommen wir gleich.) Der Wert einer Option hängt entscheidend ab vom Kurs des zugrundeliegenden Basiswertes. Es gibt eine Vielzahl verschiedener Optionen, deren unterschiedliche Charakteristika für dieses Buch nicht alle von Interesse sind. Wir konzentrieren uns auf Standard-Optionen (auch: *plain-vanilla* Optionen) und begnügen uns in diesem Abschnitt 1.1 damit, wichtige Begriffe einzuführen.

Ein Merkmal von Optionen ist ihre begrenzte, häufig kurze Laufzeit; spätestens bis zu einem Verfallsdatum T muss eine Entscheidung getroffen werden. Es gibt zwei große Klassen von Optionen: Man unterscheidet die Kaufsoption (*call*) und die Verkaufsoption (*put*). Der Anleger sichert sich durch den Kauf solcher Optionen das Recht, den Basiswert spätestens zum Verfall T zu einem vorher festgelegten **Ausübungspreis** E zu kaufen (Call) oder zu verkaufen (Put). Dieses Einlösen der Option heißt *Ausübung*. Damit sind mögliche Entscheidungen angesprochen: Der Inhaber der Option kann zum Zeitpunkt t

- die Option am Markt zum Tagespreis verkaufen ($t < T$),
- abwarten,
- die Option ausüben ($t \leq T$) oder
- die Option verfallen lassen ($t \geq T$).

Wir diskutieren zunächst den Call.

Der Käufer eines **Calls** erwirbt das Recht, zum Verfallsdatum T (oder früher) den Basiswert zum Ausübungspreis E zu *kaufen*. Das weitere Verhalten des Besitzers der Option hängt davon ab, wie sich der Kurs S des Basiswertes und der Wert V der Option entwickeln. Der Kurs S schwankt mit der Zeit, was durch die Schreibweise S_t oder $S(t)$ ausgedrückt wird. Wir beschränken uns zunächst auf den Fall einer Option, die nur genau zum Fälligkeitsdatum T ausgeübt werden darf. Solche Optionen heißen **europäische Optionen**. Der Inhaber einer europäischen Call-Option wird zum Zeitpunkt T die Option nur ausüben (also den Basiswert zum Preis E kaufen), wenn $E < S$, für den dann herrschenden Marktpreis $S = S_T$. Denn dann wird ein Gewinn $S - E$ erzielt, und die Option hat den *inneren Wert* $V = S - E$. Alternativ kann ein Barausgleich vereinbart werden. Im Fall $E > S$ wird die Option nicht ausgeübt, weil dann die Aktie billiger zum Marktpreis S gekauft werden kann. Die Option ist dann wertlos, $V = 0$. Also ist der Wert $V(S, T)$ der Call-Option beim Kurs S_T zum Fälligkeitsdatum T gegeben durch

$$V(S,T) := \begin{cases} 0 & \text{falls } S_T \leq E \text{ (Option verfällt.)} \\ S_T - E & \text{falls } S_T > E \text{ (Option wird ausgeübt.)} \end{cases}$$

Es gilt demnach

$$V(S,T) = \max\{S - E, 0\}.$$

Für alle möglichen Kurse $S > 0$ betrachtet, ist $V(S,T)$ eine Funktion von S. Diese **Auszahlungsfunktion** (*intrinsic value* oder *payoff function*) ist in Figur 1.1 dargestellt. Mit der Bezeichnung $f^+ := \max\{f, 0\}$ lässt sich die Auszahlungsfunktion kompakt $(S - E)^+$ schreiben, also

$$V(S,T) = (S - E)^+. \tag{1.1C}$$

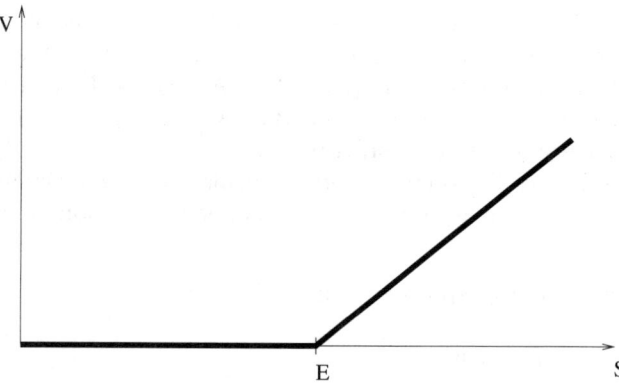

Fig. 1.1. Wert eines Calls mit Ausübungspreis E zum Verfall T

Das Gegenstück zum Call ist der **Put**. Hier erwirbt der Käufer der Option das Recht, den Basiswert zum Verfallszeitpunkt T zum Preis E zu *verkaufen* (europäische Option). In diesem Fall hat die Ausübung der Option nur einen Sinn im Fall $E > S$; die Auszahlungsfunktion $V(S,T)$ einer Put-Option ist

$$V(S,T) := \begin{cases} E - S_T \text{ falls } S_T < E \text{ (Option wird ausgeübt.)} \\ 0 \qquad \text{ falls } S_T \geq E \text{ (Option verfällt.)} \end{cases}$$

also

$$V(S,T) = \max\{E - S, 0\},$$

oder

$$V(S,T) = (E - S)^+, \tag{1.1P}$$

vgl. Figur 1.2. Die Werte einer europäischen Put- und Call-Option sind miteinander verknüpft durch die *put-call-parity* ($\longrightarrow$ Übung 1.1).

Der Put ist ein Paradebeispiel für die Anwendung von Optionen zur Absicherung von Portfolios (*hedging*). Will man zum Beispiel sicherstellen, dass eine Aktie nach Ablauf des Zeitraums T wenigstens den Wert E haben soll, so kauft man einen zu T passenden Put mit Ausübungspreis E. Der Inhaber der Option wird dann von seinem Ausübungsrecht Gebrauch machen, wenn der Aktienkurs S unter den Basispreis E sinkt. Das Risiko von Kursschwankungen am Kassamarkt ist damit abgedeckt. Der Preis, den der Anleger für den Put zahlt, hat die Bedeutung einer Versicherungsprämie.

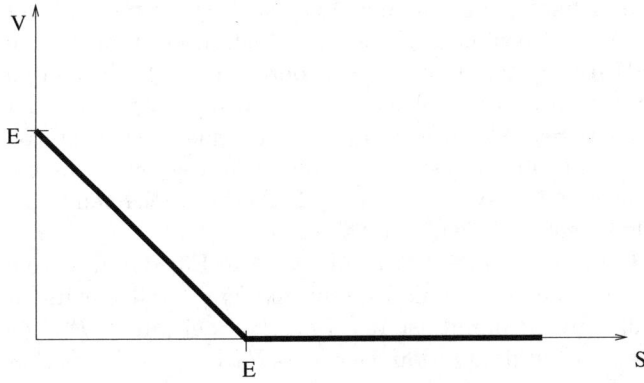

Fig. 1.2. Wert eines Puts mit Ausübungspreis E zum Verfall T

Aus den Eigenschaften der hier geschilderten Optionen folgt, dass der Anleger Put-Optionen kauft, wenn er auf fallende Kurse spekuliert. Umgekehrt wird er in Erwartung steigender Kurse Call-Optionen erwerben. Wir beschränken uns hier auf die Werte aus Sicht des Anlegers (*long position*);

für den Emittenten der Option (*short position*) stellt sich die Situation umgekehrt dar.

Wir haben festgehalten, dass mit dem Etikett „europäisch" diejenigen Optionen charakterisiert werden, die nur genau zum Verfallsdatum T ausgeübt werden dürfen. Die meisten Optionen auf Aktien sind keine europäischen Optionen. Wenn eine Option bereits *vor* dem Verfallsdatum T ausgeübt werden kann, spricht man von einer **amerikanischen Option**. (Die Etikette „europäisch" oder „amerikanisch" haben keine geographische Bedeutung; beide Arten von Optionen werden überall gehandelt.) Der Wert einer Call- oder Put-Option genau zum Zeitpunkt T ist immer von der Form (1.1C) bzw. (1.1P), egal ob europäisch oder amerikanisch. Wegen ihren reichhaltigeren Ausübungsmöglichkeiten sollte der Wert einer amerikanischen Option für $t < T$ bei sonst gleicher Ausstattung mindestens so hoch sein wie der einer europäischen Option.

Der Wert V einer Option hängt also nicht nur vom Kurs S ab, sondern auch vom Zeitpunkt $t < T$. Wir schreiben hierzu $V(S,t)$. Diese Werte der *value function* $V(S,t)$ für $t < T$ zu berechnen ist unter anderem deswegen sinnvoll, weil Optionen während der Laufzeit gehandelt werden. Die Berechnung von $V(S,t)$ ist das zentrale Thema dieses Buches.

Der Wert V hängt nicht nur vom Kurs S und vom Zeitpunkt t ab, sondern auch von weiteren Marktdaten. Neben der Laufzeit sind dies vor allem der Zinssatz und die Schwankungsbreite des Kurses S. Mit dem Zinssatz ist hier der „risikofreie Zinssatz" gemeint, den man erhält, wenn man sein Geld statt in Aktien etwa in weniger risikoreiche festverzinsliche Anlagen steckt. Dieser Zinssatz wird mit r bezeichnet ($\longrightarrow$ Anhang A1). Noch stärker hängt der Wert V einer Option von der Schwankungsbreite von S ab. Diese Fluktuation des Kurses wird **Volatilität** genannt und mit σ bezeichnet. Die Einheiten von r und σ^2 sind jeweils „pro Jahr". Auch die Zeit wird in Jahren (oder Bruchteilen) gemessen. Die Schreibweise $\sigma = 0.2$ meint eine Volatilität von 20%, und $r = 0.05$ steht für einen Zinssatz von 5%. Wir werden in diesem Buch den zugrundeliegenden Basiswert oft kurz als Aktie bezeichnen. Eine Liste wichtiger Bezeichnungen findet sich in Tabelle 1.1.

Der Zeitraum von Interesse ist $t_0 \leq t \leq T$, mit $t_0 < T$. Für die in diesem Buch studierten Szenarien genügt es, ohne Einschränkung der Allgemeinheit „heute" als $t_0 = 0$ anzusetzen; damit ist der Fälligkeitszeitpunkt T auch gleichzeitig die restliche Laufzeit der Option. Der Kurs S ist ein stochastischer Prozess, $S = S_t$, vgl. Abschnitt 1.5. Auch der Zins r und die Volatilität σ müssen nicht notwendig konstant sein. Für die mathematische Analyse nehmen wir beliebige Teilbarkeit an, d.h. alle Variablen sind reelle Zahlen.

Die gesuchten Werte $V(S,t)$ sind interpretierbar als ein Flächenstück über dem Teilgebiet $S > 0, 0 \leq t \leq T$ der (S,t)-Ebene. Die Figur 1.3 illustriert den Charakter einer solchen Fläche für den Fall eines amerikanischen Put. Für die Illustration wurde $T = 5$ angenommen. Sechs Schnittkurven für $t = 0, 1, ..., 5$ sind in der Skizze hervorgehoben. Man erkennt für $t = T$ die Auszahlungs-

Tabelle 1.1. Liste wichtiger Bezeichnungen

Bezeichnung	deutsche Namen	englische Namen
t	laufende Zeit, $0 \leq t \leq T$	current time
T	Verfallsdatum, Fälligkeits- zeitpunkt; Laufzeit, Maturität	expiration time, maturity
$r > 0$	risikofreier Zinssatz	interest rate, return
S, $S(t)$, S_t	aktueller Preis des Basiswertes zum Zeitpunkt t, Kurs	current price of stock/asset /underlying
σ	Volatilität, (jährliche) Schwankungs- breite des Kurses	volatility (annual...)
E	Basispreis, Ausübungspreis, Strike	strike price, exercise price
$V(S,t)$	Wert einer Option zum Zeitpunkt t bei Kurs S	value

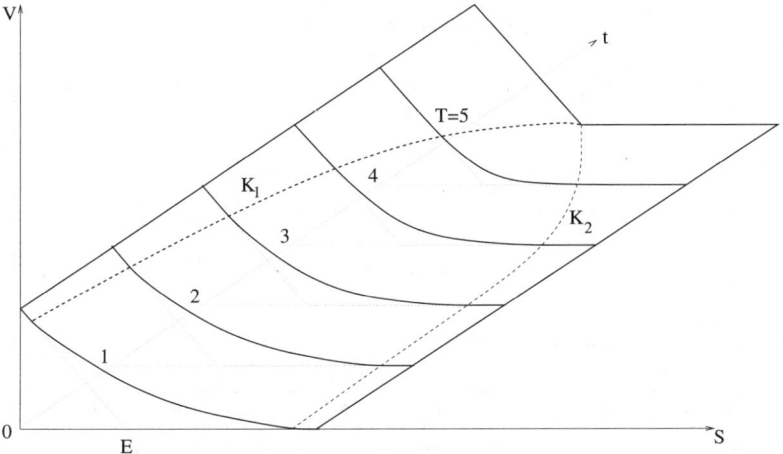

Fig. 1.3. Wert $V(S,t)$ eines amerikanischen Puts, schematisch

funktion $(E-S)^+$ von Figur 1.2. Diese Funktion parallel verschoben für $t < T$ erzeugt eine winkelförmige, aus zwei Ebenenstücken bestehende Fläche, die wir hier als F abkürzen. Diese Fläche F ist untere Schranke für die gesuchte Fläche $V(S,t)$. Die Figur zeigt zwei fett-gestrichelte Kurven K_1, K_2 auf der Fläche $V(S,t)$, die einen Bereich eingrenzen. Bei amerikanischen Optionen stützt sich V gewissermaßen außerhalb des Bereiches auf F auf, während V im Inneren „frei hängt" (Figur 1.3). Während oberhalb der Kurve K_1 die Fläche V tatsächlich mit der „schrägen" Teilebene von F identisch ist, kommt sie unterhalb von K_2 der „waagerechten" Teilebene von F nur sehr nahe. Dieser Sachverhalt wird in Kapitel 4 ausgeleuchtet. Das Ziel ist die Berechnung von $V(S,t)$, also die Berechnung des Wertes der Option zu jedem Zeitpunkt t und zu jedem Kurs S. Von besonderem Interesse ist $V(S,0)$, also der Wert „heute". Der Verlauf dieser Funktion ist in Figur 1.3 sichtbar als Schnitt der Fläche $V(S,t)$ mit der Koordinatenebene $t = 0$. Grob gesprochen kann diese Kurve als eine Abrundung der „eckigen" Auszahlungsfunktion charakterisiert werden. Bei europäischen Optionen verläuft $V(S,0)$ auch unterhalb der Auszahlungsfunktion, vergleiche Figur 1.4.

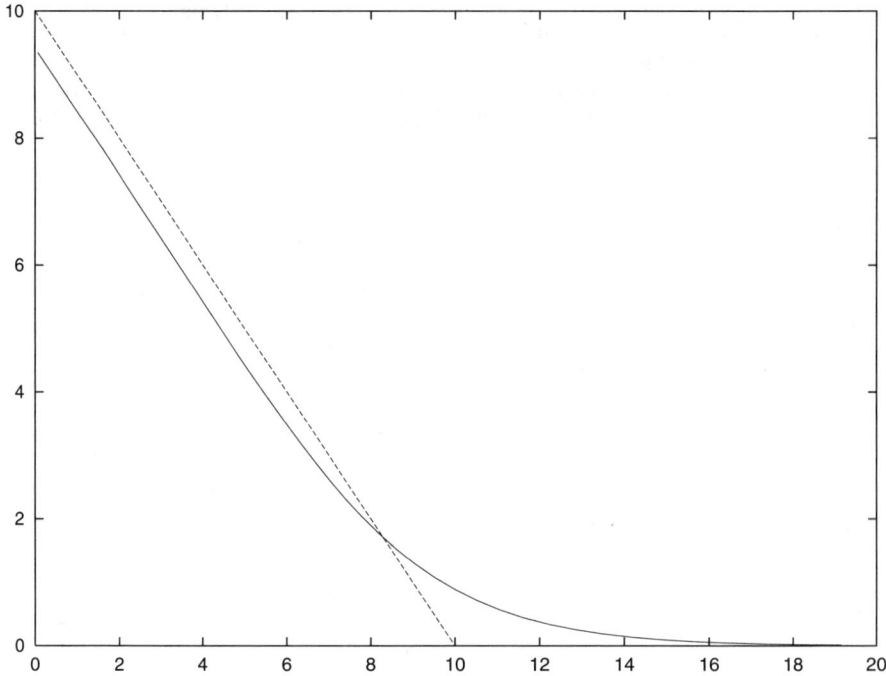

Fig. 1.4. Wert eines europäischen Puts $V(S,0)$ für $T = 1$, $E = 10$, $r = 0.06$, $\sigma = 0.3$. Die Auszahlung $V(S,T)$ ist gestrichelt eingezeichnet.

1.2 Partielle Differentialgleichungen

Attraktiv ist es, die Flächen $V(S,t)$ für den „Halbstreifen" $S > 0$, $0 \leq t \leq T$, als Lösungen geeigneter Gleichungen zu definieren und zu berechnen. In der Tat gelingt es mit einer Reihe von Annahmen, die Flächen $V(S,t)$ als Lösungsfunktionen gewisser partieller Differentialgleichungen oder Differentialungleichungen zu charakterisieren. Eine wesentliche Annahme ist, daß der Markt keine risikofreien Gewinne, sogenannte *Arbitrage*-Möglichkeiten zulässt. Arbitrage bedeutet einen risikofreien Profit durch gleichzeitige Aktionen auf zwei oder mehr Märkten ($\longrightarrow$ Anhang A1). Ein gut funktionierender Markt wird Arbitrage sofort erkennen und deswegen dauerhafte Arbitrage-Möglichkeiten kaum zulassen. Diese und andere Annahmen repräsentieren das jeweilige Modell. Das berühmteste Modell ist durch die Gleichung repräsentiert, die von Black und Scholes 1973 vorgeschlagen wurde. Sie sei hier zitiert; die Herleitung erfolgt in Anhang A3.

Definition 1.1   (Gleichung von Black und Scholes)

$$\frac{\partial V}{\partial t} + \frac{1}{2}\sigma^2 S^2 \frac{\partial^2 V}{\partial S^2} + rS\frac{\partial V}{\partial S} - rV = 0 \qquad (1.2)$$

Die Gleichung (1.2) ist eine partielle Differentialgleichung für den Wert $V(S,t)$ von Optionen. Lösungen $V(S,t)$ müssen nicht nur der partiellen Differentialgleichung (1.2) genügen, sondern auch für $t = T$ der **Endbedingung**

$$V(S,T) = \text{Auszahlung,}$$

mit Auszahlungsfunktion nach (1.1C) bzw. (1.1P). An den *Rändern* des Definitionsbereiches „Halbstreifen", also für $S = 0$ und $S \to \infty$, müssen **Randbedingungen** erfüllt sein, die sich teilweise aus den Figuren 1.1 und 1.2 ergeben. Zum Beispiel gilt für die Call-Option

$$V(0,t) = 0; \quad V(S,t) \to S \ \text{für} \ S \to \infty. \qquad (1.3C)$$

Das Modell, auf dem die partielle Differentialgleichung (1.2) beruht, ist nur gültig unter einer Reihe von einschneidenden Annahmen. Black und Scholes haben für ihr Modell im wesentlichen die folgenden Annahmen getroffen:

Annahmen 1.2
    Es gibt keine Arbitrage-Möglichkeiten.
    Die Variablen sind stetig.
    r und σ sind konstant.
    Es fallen keine Gebühren, Steuern oder Dividenden an.
    Es wird eine europäische Option betrachtet.
    Der Aktienkurs S genügt einer geometrischen Brownschen Bewegung (vergleiche unten den Abschnitt 1.6).

Zu (1.2) ist eine analytische Lösung bekannt, nicht aber für allgemeinere Modelle. Wenn man zum Beispiel die Transaktionskosten (Gebühren, Steuern) als k pro Geldeinheit annimmt, dann kommt der Term

$$-\sqrt{\frac{2}{\pi}} \, \frac{k\sigma S^2}{\sqrt{\sigma t}} \, \left|\frac{\partial^2 V}{\partial S^2}\right|$$

zu (1.2) hinzu ([Kw98], [WDH96]). Im allgemeinen erfolgt die Lösung numerisch, insbesondere für amerikanische Optionen. Für die Lösung wird meist
eine Variante mit dimensionslosen Variablen zugrundegelegt ($\longrightarrow$ Übung
1.2).

1.3 Numerische Methoden

Die Anwendung numerischer Algorithmen ist unausweichlich, wird aber oft
nicht bemerkt, oder sie wird negiert. Letzteres ist häufig, wenn analytische
Lösungsformeln vorliegen (z.B. die Black-Scholes-Formel in Anhang A3). Solche geschlossenen Ausdrücke verlangen aber beispielsweise die Auswertung
der Logarithmus-Funktion oder die Berechnung der Verteilungsfunktion der
Standard-Normalverteilung. Da die numerischen Algorithmen für solche ele-
mentaren Funktionen und Aufgaben in vielen Taschenrechnern durch „Knopf-
druck" erledigt werden, arbeitet hier die Numerik gewissermaßen im Unter-
grund. Man sollte sich bewusst sein, dass die auf dieser Ebene eingesetzte
Numerik keineswegs trivial ist ($\longrightarrow$ Übung 1.3). Sogar bei der Berechnung
einer einfachen Formel wie der eines Schätzers für die Varianz ($\longrightarrow$ Anhang
A2) kann man durch unsachgemäße Algorithmen Fehler produzieren ($\longrightarrow$
Übung 1.4).

Numerische Methoden sind also unverzichtbar. Verwöhnt durch reichhal-
tig angebotene *black-box* Software-Systeme, durch scheinbar mühelos arbei-
tende Grafik-Pakete und durch Taschenrechner mit vielen Funktionstasten,
nehmen wir die Erfolge numerischer Arbeitspferde als selbstverständlich hin.
Und so werden wir es auch in diesem Buch halten. Wir gehen von einer
Grundausbildung in Numerik aus und benutzen die einschlägigen Werkzeuge
mit großer Hochachtung aber ohne weiteren Kommentar. Mit dieser Verab-
redung können wir uns der Berechnung von Optionen zuwenden. Wichtige
Methoden der Numerik werden in Anhang A4 skizziert; dort finden sich auch
Literaturhinweise.

Da die Finanzmärkte augenscheinlich zufälligen Schwankungen unterliegen, sind stochastische Methoden ein natürlicher Ansatz zur Simulation von
Kursen und Preisen. Hierzu können stochastische Differentialgleichungen formuliert und simuliert werden. Dies führt auf Monte-Carlo-Methoden (Kapitel
3). Eine entsprechende Simulation von Optionen erfolgt im Rechner letztlich in deterministischer Weise. Entscheidend wird es sein, wie im Rechner
der Zufall simuliert wird (Kapitel 2). Die numerische Simulation ist der erste Hauptteil des Buches. Diese Methoden können auch angewendet werden,
wenn die Annahmen 1.2 nicht erfüllt sind.

Wenn effizientere Methoden vorliegen, wird man diese vorziehen. Beispielsweise versucht man die partiellen Differentialgleichungen zu lösen, vorausgesetzt die Annahmen entsprechender Modelle sind erfüllt! Dann hat man

die Auswahl zum Beispiel zwischen Finiten Differenzen (Kapitel 4) und Finiten Elementen (Kapitel 5). Diese Methoden und ihre Anwendung auf die Black-Scholes-Ansätze bilden den zweiten (größeren) Teil dieses Buches.

Die verschiedenen Methoden werden insbesondere zu bewerten sein im Hinblick auf Genauigkeit und Aufwand. Das übergeordnete Ziel ist Effizienz, damit schnelle Antworten auf Marktbewegungen gegeben werden können. Intern müssen die numerischen Methoden diverse Probleme wie Konvergenzordnung oder Stabilität zufriedenstellend lösen.

Für die mathematische Formulierung haben wir im Abschnitt 1.1 als Idealisierung angenommen, dass alle Variablen Werte in $\mathbb{R}$ annehmen. Die Annahme eines Kontinuums ist praktisch, weil sie zunächst keine Einschränkungen auferlegt. Das wirkliche Verhalten der Optionen ist eher „diskret": die Stückelung ist weder in der Zeit t noch in den Werten von S und V beliebig fein. Die Kontinuums-Hypothese der Modelle gilt nicht nur für das „Gebiet", also für den Halbstreifen $0 \leq t \leq T$, $S \in \mathbb{R}^+$, sondern steckt auch in den Differentialgleichungen.

Zur numerischen Berechnung wird *beides* künstlich diskretisiert:

1.) Aus dem Gebiet wird ein **Gitter** aus endlich vielen (S, t)-Punkten (vgl. Figur 1.5).
2.) Aus der Differentialgleichung entstehen endlich viele algebraische Gleichungen.

Die Variablen V werden an den Gitterpunkten (Knoten) berechnet und bleiben vom Ansatz her kontinuierlich, obwohl die Rechner auch für V nur endlich viele Werte bereithalten.

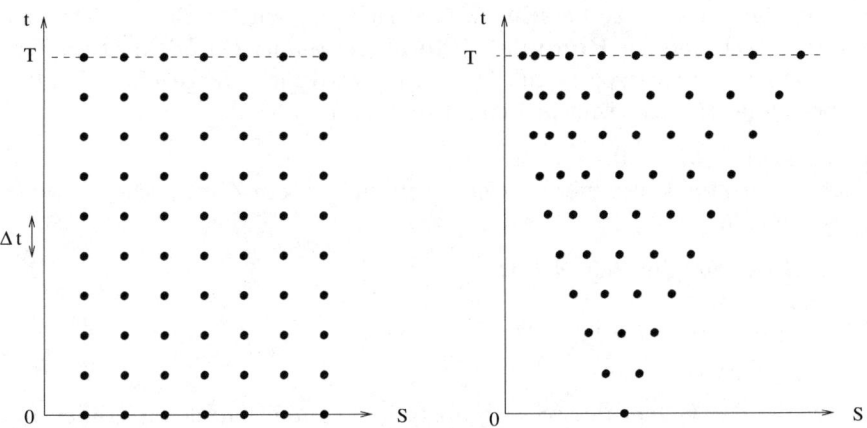

Fig. 1.5. Diskrete Gitterpunkte im Gebiet von Interesse

Die Figur 1.5 zeigt zwei verschiedene Diskretisierungen des Gebietes: links ein einfaches gleichabständiges Rechteckgitter und rechts ein baumartiges Gitter, wie es im Abschnitt 1.4 Verwendung finden wird. Grundsätzlich hängen die verwendeten Gitter auch von der Diskretisierung der Differentialgleichung ab. Wie erwähnt, berechnen die Methoden Näherungen zu V zunächst nur an den Gitterpunkten. Danach können Zwischenwerte etwa durch Interpolation ermittelt werden.

Die Diskretisierung der kontinuierlichen Modelle führt im allgemeinen nicht auf die Stückelung der Finanz-Wirklichkeit. So wird zum Beispiel die Zeitdiskretisierung Δt nur in Ausnahmefällen genau einem Tag entsprechen. Die diskretisierte Welt der Numerik ist eine andere als die diskrete Wirklichkeit; die Abweichungen bei dem zweifachen Übergang

$$\text{diskret} \longrightarrow \text{kontinuierlich} \longrightarrow \text{diskret}$$

heben sich nicht auf.

1.4 Binomial-Bäume

Der Großteil dieses Buches wird sich kontinuierlichen Modellen und ihren Diskretisierungen widmen. Um den Weg zu einem ersten brauchbaren Computerprogramm zu verkürzen, wird hier vorab ein relativ einfacher Zugang vorgestellt, der Optionen mit Hilfe eines diskreten Zugangs berechnet.

In vielen praktischen Fällen will man nur $V(S_0, 0)$ berechnen, also den einen Wert V einer Option zum „heutigen" Kurs S_0. Dann ist es unnötig aufwendig, die Fläche $V(S, t)$ für das ganze Gebiet zu berechnen. Die „kleine" Aufgabe, $V(S_0, 0)$ zu berechnen, lässt sich bequem mit Baum-Methoden lösen. Die Methode der **Binomial–Bäume** verwendet ein baumartiges Gitter mit einer baumartigen Logik. Das Gitter wird nicht vorgegeben, sondern erst berechnet (rechtes Bild in Figur 1.5).

Ein diskretes Modell:
Zunächst wird die kontinuierliche Zeit t durch diskrete Zeitpunkte t_i ersetzt. Bezeichnungen:

M: Anzahl der Zeitschritte
$\Delta t := \frac{T}{M}$
$t_i := i \cdot \Delta t, \quad i = 0, ..., M$
$S_i := S(t_i)$

Insoweit ist das Gebiet des (S, t)-Halbstreifens durch parallele Geraden mit Abstand Δt ersetzt worden. Nun werden die kontinuierlichen Werte $S_i \in \mathbb{R}$ entlang den Parallelen $t = t_i$ durch diskrete Werte S_{ji} ersetzt. Zur Erklärung der S-Diskretisierung vergleiche die Figur 1.6 einer „Masche", die eine Phase herausgreift, nämlich den Übergang von t zu $t + \Delta t$.

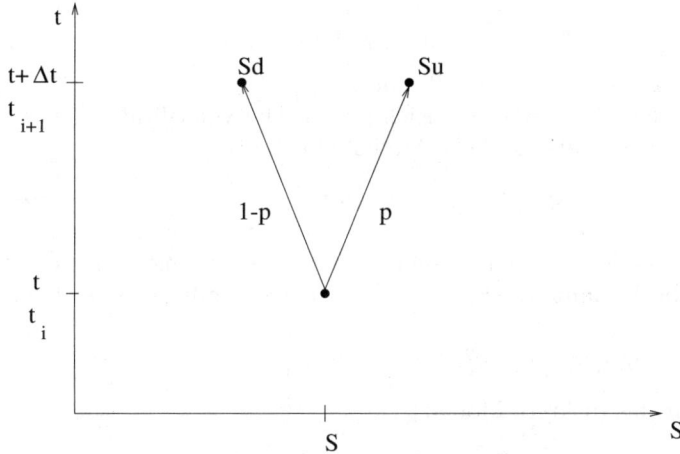

Fig. 1.6. Schema des Binomial-Ansatzes

Annahmen 1.3   (Binomialmethode)

(A1) Ein Kurs S kann sich nach Ablauf von Δt nur zu zwei Kurswerten entwickeln, entweder aufwärts zu Su ($u > 1$) oder abwärts zu Sd ($0 < d < 1$). Dabei ist u der Faktor für eine Kurssteigerung (*u*p) und d der Faktor für einen Kursabfall (*d*own).

(A2) Die Wahrscheinlichkeit von „up" sei p.

(A3) Die erwartete Rendite entspricht dem risikoneutralen Standard–Zinssatz r. Für das kontinuierliche Modell gilt die Beziehung

$$\mathsf{E}(S_{i+1}) = S_i \cdot e^{r\Delta t} \qquad (1.4)$$

(A4) Es erfolgt keine Dividendenzahlung. (Die Annahme (A4) dient nur zur Vereinfachung der Herleitung.)

Die Werte von u, d und p sind zunächst unbekannt. Eine **Grundidee** der folgenden Überlegung ist es, die Erwartungswerte und Varianzen des kontinuierlichen und des diskreten Modells gleichzusetzen. Hieraus werden sich Gleichungen ergeben, mit deren Hilfe Werte für u, d und p berechnet werden. Durch diese Grundidee werden implizit auch Eigenschaften des kontinuierlichen Modells mit einbezogen. (Das kontinuierliche Modell wird erst in Abschnitt 1.6 beschrieben.)

Eine Folgerung aus (A1) und (A2) für das diskrete Modell ist

$$\mathsf{E}(S_{i+1}) = pS_iu + (1 - p)S_id.$$

Gleichsetzen mit (1.4) ergibt

$$S_ie^{r\Delta t} = \mathsf{E}(S_{i+1}) = pS_iu + (1 - p)S_id$$

oder

$$e^{r\Delta t} = pu + (1-p)d. \tag{1.5}$$

Dies ist die erste von drei benötigten Gleichungen.

Als nächstes werden die Varianzen gleichgesetzt. Die Volatilität σ geht in die Varianz ein. Für das kontinuierliche Modell gilt die Beziehung

$$\mathsf{E}(S_{i+1}^2) = S_i^2 e^{(2r+\sigma^2)\Delta t}. \tag{1.6}$$

Zu (1.4) und (1.6) vergleiche auch Abschnitt 1.7 ($\longrightarrow$ Übung 1.7). Es sei erinnert, dass für die Varianz $\mathsf{Var}(S) := \mathsf{E}(S^2) - (\mathsf{E}(S))^2$ gilt ($\longrightarrow$ Anhang A2). Es folgt

$$\mathsf{Var}(S_{i+1}) = S_i^2 e^{2r\Delta t}(e^{\sigma^2 \Delta t} - 1).$$

Andererseits gilt für das diskrete Modell

$$\mathsf{Var}(S_{i+1}) = \mathsf{E}(S_{i+1}^2) - (\mathsf{E}(S_{i+1}))^2$$
$$= p(S_i u)^2 + (1-p)(S_i d)^2 - S_i^2(pu + (1-p)d)^2.$$

Gleichsetzen führt unter Verwendung von (1.5) auf

$$e^{2r\Delta t}(e^{\sigma^2 \Delta t} - 1) = pu^2 + (1-p)d^2 - (e^{r\Delta t})^2$$
$$e^{2r\Delta t + \sigma^2 \Delta t} = pu^2 + (1-p)d^2 \tag{1.7}$$

Insoweit haben wir mit (1.5), (1.7) zwei Gleichungen für die drei Unbekannten u, d, p. Als willkürliche dritte Gleichung setzen wir

$$u \cdot d = 1. \tag{1.8}$$

Diese Gleichung reflektiert eine gewisse Symmetrie zwischen Kurssteigerung und Kursabfall. (Eine andere, ebenfalls plausible und symmetrische Annahme wäre $p = \frac{1}{2}$.) Nun sind u, d und p fixiert und damit auch das Gitter, dessen Aufbau wir uns nun veranschaulichen (Figur 1.7).

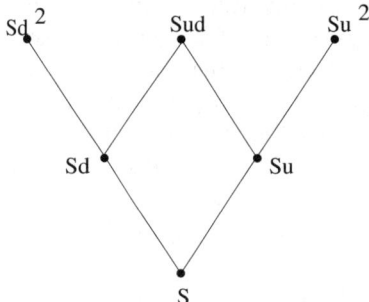

Fig. 1.7 Hintereinanderschaltung mehrer Maschen

Durch Aneinanderfügen weiterer Maschen ergibt sich mit fortschreitenden t_i ein Baum von Werten $Su^j d^k$. Offenbar gilt $j + k = i$. Da für alle Maschen die gleichen konstanten Werte für u und d angenommen werden, gilt wegen $Sud = Sdu$, dass es nach Ablauf von $2\Delta t$ für den Kurs nur 3 Werte statt 4 gibt. Entsprechend gibt es nach Ablauf von $T = M\Delta t$ nur $(M + 1)$ diskrete Werte von S im Baum, mit den Werten $Su^j d^{M-j}$, $j = 0, 1, ..., M$. Wegen (1.8) sind dies die Werte $Su^j u^{j-M} = Su^{-M} u^{2j} =: S_{jM}$. Die Anzahl der Knoten des Baums wächst quadratisch mit M. (Warum?)

Die Symmetrie von (1.8) äußert sich darin, dass nach jeweils zwei Zeitschritten sich der gleiche Kurswert S wiederholt. (Vergleiche auch Figur 1.8.) In einer (t, S)-Ebene kann der Baum gedeutet werden als Gitter von Exponentialkurven.

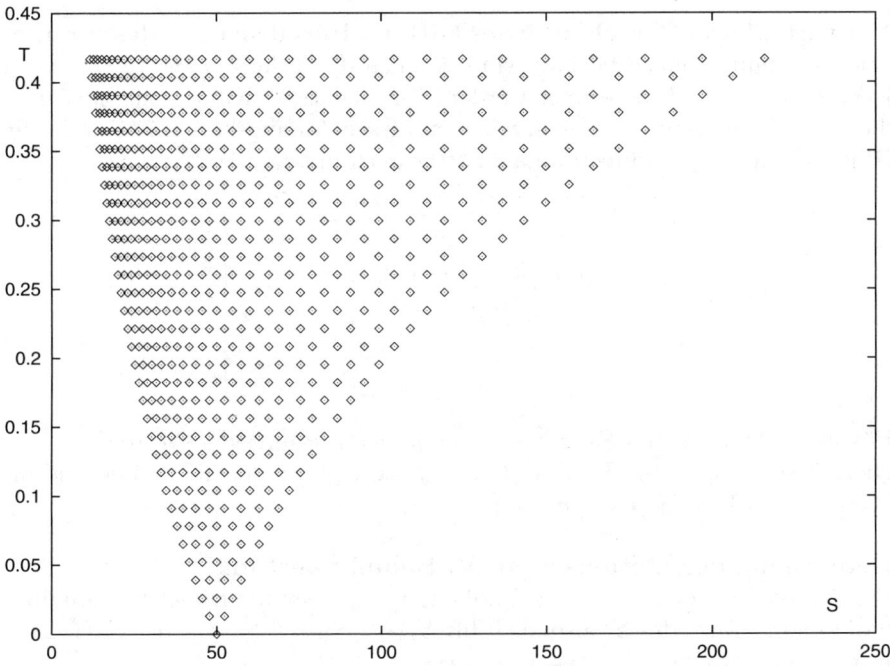

Fig. 1.8. Baum in der (S, t)-Ebene für $M \stackrel{\cdot}{=} 32$ (Daten von Beispiel 1.6)

Lösung von (1.5), (1.7), (1.8)

Mit der Abkürzung $\alpha := e^{r\Delta t}$ folgt durch Elimination (die Zwischenschritte möge der Leser nachvollziehen)

$$0 = u^2 - u(\underbrace{\alpha^{-1} + \alpha e^{\sigma^2 \Delta t}}_{=:2\beta}) + 1,$$

woraus sich zunächst $u = \beta \pm \sqrt{\beta^2 - 1}$ ergibt. Wegen $ud = 1$ und wegen des Satzes von Vieta ist d die Lösung mit dem „$-$". Damit ist die Lösung der drei Gleichungen

$$
\begin{aligned}
\beta &:= \frac{1}{2}(e^{-r\Delta t} + e^{(r+\sigma^2)\Delta t}) \\
u &= \beta + \sqrt{\beta^2 - 1} \\
d &= 1/u = \beta - \sqrt{\beta^2 - 1} \\
p &= \frac{e^{r\Delta t} - d}{u - d}
\end{aligned}
\tag{1.9}
$$

Das Modell ist gültig, wenn $0 < p < 1$ gilt, woraus $e^{r\Delta t} < u$ folgt.

Vorwärtsphase: Berechnung des Gitters, Initialisierung des Baumes
Nachdem nun u und d bekannt sind, können die diskreten Werte von S für jedes t_i bis $t_M = T$ berechnet werden. Der „heutige" Kurs S für $t_0 = 0$ ist die Wurzel des Baumes. Wir bezeichnen diesen Anfangskurs mit S_0 oder im Hinblick auf das zweidimensionale Gitter auch mit S_{00}.

$$
\begin{aligned}
&\textit{Berechne für } i = 1, 2, ..., M : \\
&S_{ji} := S_0 u^j d^{i-j}, \quad j = 0, 1, ..., i
\end{aligned}
$$

Für jeden Anfangskurs S_0 gibt es einen anderen Baum von Werten S_{ji}. Hiermit sind die Gitter–Punkte (t_i, S_{ji}) festgelegt, an denen anschließend die Werte $V_{ji} := V(t_i, S_{ji})$ zu berechnen sind.

Berechnung der Optionswerte V, Baumbewertung
Für t_M ist $V(S, t_M)$ durch die Endbedingung bekannt. Diese Auszahlungsfunktion gilt für jedes S, also auch für $S_{jM} = Su^j d^{M-j}$, $j = 0, ..., M$:
Call: $V(S(t_M), t_M) = \max\{S(t_M) - E, 0\}$, also:

$$
V_{jM} := (S_{jM} - E)^+ \tag{1.10C}
$$

Put: $V(S(t_M), t_M) = \max\{E - S(t_M), 0\}$, also:

$$
V_{jM} := (E - S_{jM})^+ \tag{1.10P}
$$

Durch die **Rückwärtsphase**, d.h. für t_{M-1}, $t_{M-2}, ...$ werden aus den V_{jM} die Optionswerte V für alle t_i berechnet. Grundlage ist erneut Annahme (A3). Die Gleichung (1.5) mit Doppelindex wiederholt lautet

$$
S_{ji} e^{r\Delta t} = p S_{ji} u + (1-p) S_{ji} d,
$$

woraus
$$S_{ji}e^{r\Delta t} = pS_{j+1,i+1} + (1-p)S_{j,i+1}$$
folgt. Übertragen der Annahme (A3) auf V, also $V_i = e^{-r\Delta t}\mathsf{E}(V_{i+1})$, bedeutet
dies
$$V_{ji} = e^{-r\Delta t} \cdot (pV_{j+1,i+1} + (1-p)V_{j,i+1}) , \qquad (1.11)$$

mit dem gleichen p, das auf Grund der getroffenen Annahmen eine risikoneu-
trale Wirtschaft repräsentiert. Für **europäische Optionen** (keine vorzeitige
Rückgabe) ist dies eine **Rekursion** für $i = M-1, ..., 0$. Start: Gleichung
(1.10). Ende: V_{00}. Der erhaltene Wert V_{00} ist eine Näherung für den Wert
$V(S_0, 0)$ des kontinuierlichen Modells. Die Genauigkeit hängt in erster Linie von M ab ($\longrightarrow$ Übung 1.5). Die Grundidee der Konstruktion bewirkt,
dass für $M \to \infty$ die Näherung gegen den Black-Scholes-Wert $V(S_0, 0)$ des
kontinuierlichen Modells strebt.

Amerikanische Option
Für jedes t_i ist zusätzlich zu prüfen, ob die Ausübung sinnvoller ist: Die
Gleichungen (1.10) für i statt M lauten dann wie folgt

Call:
$$V_{ji} = \max\left\{(S_{ji} - E)^+, \; e^{-r\Delta t} \cdot (pV_{j+1,i+1} + (1-p)V_{j,i+1})\right\} \qquad (1.12C)$$

Put:
$$V_{ji} = \max\left\{(E - S_{ji})^+, \; e^{-r\Delta t} \cdot (pV_{j+1,i+1} + (1-p)V_{j,i+1})\right\} \qquad (1.12P)$$

Zusammengefasst ist der Algorithmus der folgende:

Algorithmus 1.4   (Binomialmethode)

Input: $r, \sigma, S = S_0, T, E$, Wahl ob Put oder Call,
  europäisch oder amerikanisch, M

berechne: $\Delta t := T/M, u, d, p$ aus (1.9)

$S_{00} := S_0$

$S_{jM} = S_{00}u^j d^{M-j}, \; j = 0, 1, ..., M$

(Für amerikanische Option auch $S_{ji} = S_{00}u^j d^{i-j}$
  für $0 < i < M, j = 0, 1, ..., i$)

V_{jM} aus (1.10)

V_{ji} für $i < M$ $\begin{cases} \text{aus (1.11) für europäische Option} \\ \text{aus (1.12) für amerikanische Option} \end{cases}$

Output: V_{00} als Näherung für $V(S_0, 0)$

Beispiel 1.5 europäischer Put

$E = 10,\ S = 5,\ r = 0.06,\ \sigma = 0.3,\ T = 1.$

Die Tabelle 1.2 gibt Näherungen V_{00} an für $V(5,0)$. Die Konvergenz der Näherungen gegen den Black-Scholes-Wert $V(S,0)$ ist erkennbar. Mit anderen Methoden (Kapitel 4) lässt sich $V(S,0)$ auch für ein Intervall von S-Werten approximieren. Das Resultat zeigt die Figur 1.4.

Tabelle 1.2. Resultate von Beispiel 1.5

M	$V(5,0)$
8	4.4251
16	4.4292
32	4.4300
Black-Scholes	4.4304

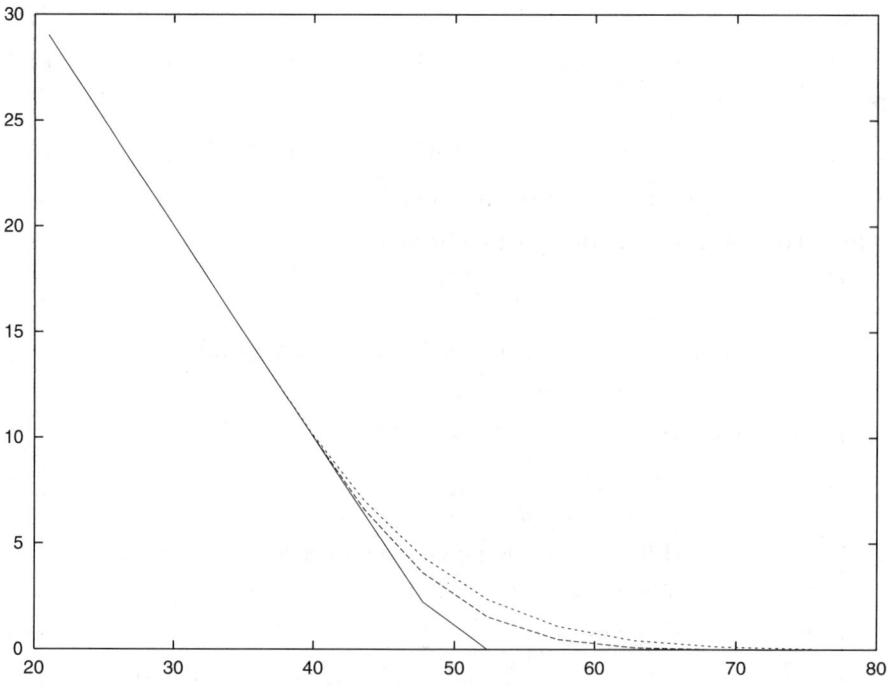

Fig. 1.9. zu Beispiel 1.6: Drei Schnitte durch die Fläche $V(S,t)$ für $t = 0.404$ (durchgezogene Kurve), $t = 0.3$ (gestrichelt), $t = 0.195$ (gepunktet)

Beispiel 1.6   amerikanischer Put

$E = 50$, $S = 50$, $r = 0.1$, $\sigma = 0.4$, $T = 0.41666...$ (d.h. 5 Monate), $M = 32$.

Die Figur 1.8 zeigt den Baum für $M = 32$. In Figur 1.9 ist für die drei Zeitpunkte $t = 0.404$, $t = 0.3$, $t = 0.195$ jeweils die erhaltene Näherung für $V(S,t)$ geplottet; die berechneten diskreten Werte sind jeweils durch Streckenzüge verbunden. Die Funktion $V(S,0)$ kann mit den Methoden von Kapitel 4 berechnet werden, vergleiche Figur 4.7.

Erweiterungen:

Der Einbau von Dividenden–Zahlungen ist ebenfalls möglich. Da zum Zeitpunkt t_k einer während der Options-Laufzeit stattfindenden Ausschüttung der Wert von S sprungartig um den Ausschüttungsbetrag fällt, ist der Baum t_k zu „schneiden" und die S-Werte entsprechend heruntersetzen; vgl. [Hu97 § 15.3], [WDH96]. Eine einfache Erweiterung des Binomialmodells ist das Trinomialmodell, bei dem die „Masche" drei Entwicklungsmöglichkeiten hat, mit Wahrscheinlichkeiten p_1, p_2, p_3 und $p_1+p_2+p_3 = 1$. Das Trinomialmodell erlaubt bessere Genauigkeit; seine Herleitung sei dem Leser als Übungsaufgabe überlassen.

1.5 Stochastische Prozesse

Aus der Physik ist die Brownsche Bewegung bekannt, für die Norbert Wiener ($\approx$ 1930) ein mathematisches Modell vogeschlagen hat, den „Wiener-Prozess". Ähnlich wie bei Brown Blütenpollen auf einer Flüssigkeitsoberfläche durch Molekülbewegungen angestoßen werden, stellt man sich den Aktienkurs als stochastischen Prozess vor: Er reagiert augenblicklich auf die Vielzahl von einstürmenden Informationen. Die Illustration des Aktienindex DAX in Figur 1.10 mag als Motivation dienen.

Ein **stetiger Stochastischer Prozess** ist eine Familie von Zufallsvariablen $X(t)$, die für stetige Zeit t definiert sind. Das heißt, $t \in \mathbb{R}$ variiert kontinuierlich in einem Zeitintervall I, das zum Beispiel für $0 \leq t \leq T$ steht. Eine häufige Bezeichnung ist X_t, oder $\{X_t, t \in I\}$. Lassen wir den Zufall einmal für alle t im Beobachtungszeitraum $0 \leq t \leq T$ „spielen", dann heißt die resultierende Funktion X_t *Realisierung* des stochastischen Prozesses.

Spezielle Eigenschaften bei Stochastischen Prozessen haben zu den folgenden Namen geführt:

Gauß-Prozess: X_t ist normalverteilt für alle t.

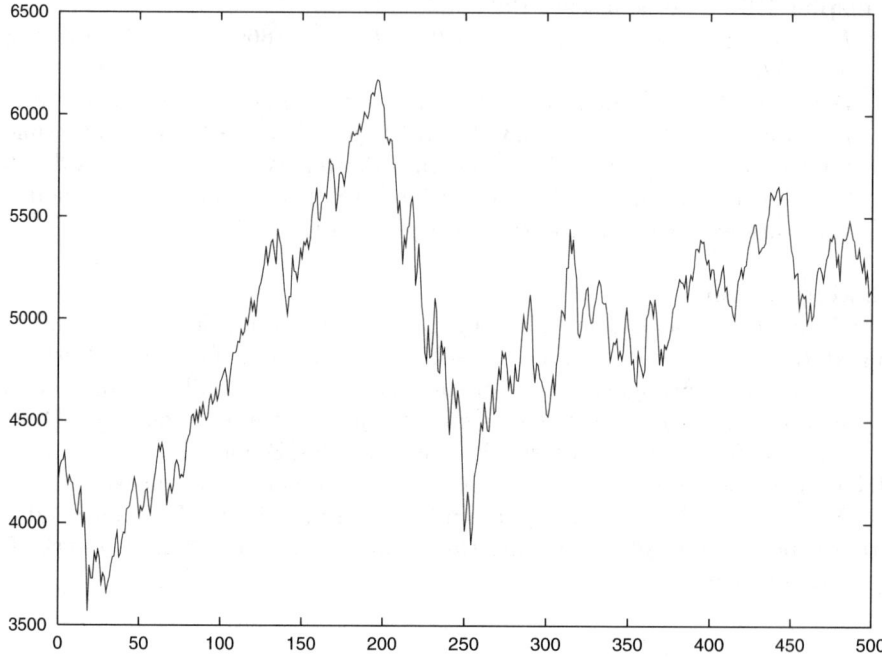

Fig. 1.10 Der DAX an den 500 Börsentagen 01.10.1997–30.09.1999

Markov–Prozess: Nur der augenblickliche Wert von X ist relevant für das zukünftige Verhalten; d.h. die Vergangenheit ist bereits im augenblicklichen Wert berücksichtigt.[1]

Ein Beispiel für einen Prozess, der sowohl Gauß-Prozess als auch Markov-Prozess ist, ist der Wiener-Prozess.

Definition 1.7   (Wiener-Prozess)

Ein Wiener-Prozess (Bezeichnung W_t) ist ein stetiger stochastischer Prozess mit den Eigenschaften

(1) $W_0 = 0$

(2) $W_t \sim \mathcal{N}(0, t)$ für alle $t \geq 0$; d.h. für jedes t ist W_t normalverteilt mit Erwartungswert $\mathsf{E}(W_t) = 0$ und Varianz $\mathsf{Var}(W_t) = \mathsf{E}(W_t^2) = t$.

(3) Alle Zuwächse ΔW sind unabhängig voneinander; d.h. die $W_{t_2} - W_{t_1}$ und $W_{t_4} - W_{t_3}$ sind unabhängig für alle $0 \leq t_1 < t_2 < t_3 < t_4$.

Allgemein gilt für $0 \leq s < t$ die Eigenschaft $W_t - W_s \sim \mathcal{N}(0, t - s)$, also

---

[1] Diese Annahme zusammen mit der Annahme einer augenblicklichen Reaktion des Marktes auf ankommende Informationen heißen „Hypothese des effizienten Marktes".

$$E(W_t - W_s) = 0 \text{ und}$$
$$\mathsf{Var}(W_t - W_s) = E((W_t - W_s)^2) = t - s. \tag{1.13}$$

Diskretes Modell

$\Delta t > 0$ sei ein konstantes Zeit–Inkrement. Für die diskreten Zeitpunkte $t_j := j\Delta t$ lässt sich W_t als Summe von Zuwächsen ΔW_k darstellen,

$$W_{j\Delta t} = \sum_{k=1}^{j} \underbrace{\left(W_{k\Delta t} - W_{(k-1)\Delta t}\right)}_{=:\Delta W_k}.$$

Die ΔW_k sind unabhängig und wegen (1.13) normalverteilt mit $\mathsf{Var}(\Delta W_k) = \Delta t$. Entsprechend verteilte Zuwächse ΔW lassen sich aus standard-normalverteilten Zufallszahlen Z berechnen. Wegen

$$Z \sim \mathcal{N}(0,1) \implies Z \cdot \sqrt{\Delta t} \sim \mathcal{N}(0, \Delta t)$$

ist

$$\Delta W_k := Z\sqrt{\Delta t} \text{ mit } Z \sim \mathcal{N}(0,1) \tag{1.14}$$

ein diskretes Modell für einen Wiener-Prozess:

Algorithmus 1.8   (Approximation eines Wiener-Prozesses)

> *Start:* $t_0 = 0$, $W_0 = 0$; Δt
> *Schleife* $j = 1, 2, \ldots$:
> $\quad t_j = t_{j-1} + \Delta t$
> $\quad$ ziehe $Z \sim \mathcal{N}(0,1)$
> $\quad W_j = W_{j-1} + Z\sqrt{\Delta t}$

Diese algorithmische Darstellung eines diskreten Wiener-Prozesses eignet sich für eine numerische Simulation. (Die „Ziehung", hier die Berechnung von $Z \sim \mathcal{N}(0,1)$, wird im Kapitel 2 erklärt.) Die Figur 1.11 zeigt eine Realisierung eines Wiener-Prozesses; die berechneten 5000 Punkte (t_j, W_j) wurden linear interpoliert.

Fast alle Realisierungen von Wiener-Prozessen sind stetig, jedoch nirgends differenzierbar. Letzteres deutet sich an, wenn man den Differenzenquotienten

$$\frac{W(t+h) - W(t)}{h}$$

betrachtet. Nach (1.13) ist die Standardabweichung des Zählers $\sqrt{h}$. Also läuft für $h \to 0$ die Normalverteilung der Differenzenquotienten auseinander, und ein endlicher Grenzwert ist nicht zu erwarten.

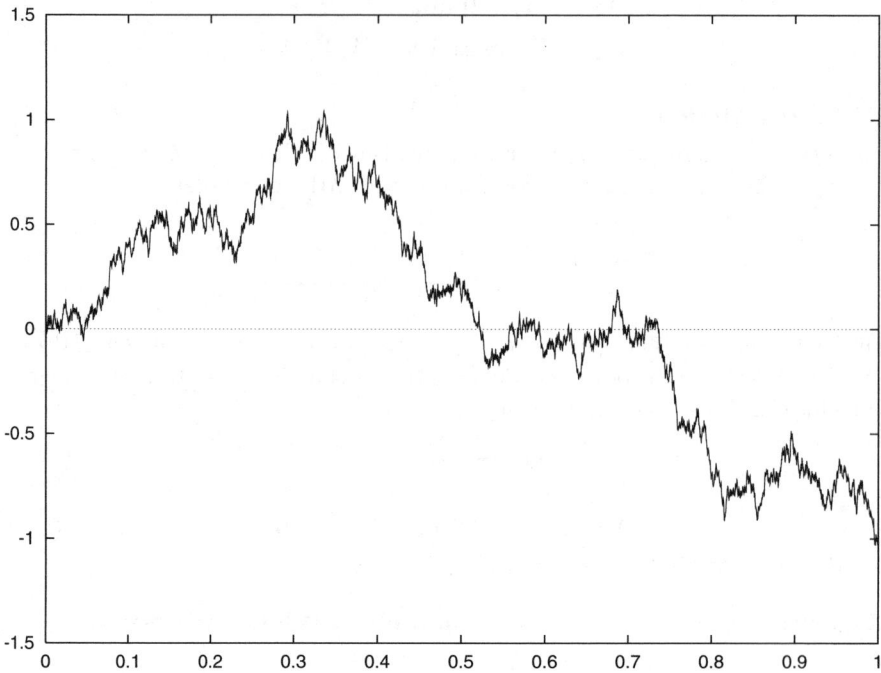

Fig. 1.11. Realisierung eines Wiener-Prozesses, mit $\Delta t = 0.0002$

1.6 Stochastische Differentialgleichungen

1.6.1 Itô-Prozess

Viele Vorgänge in Natur, Technik und Wirtschaft werden mit deterministischen Differentialgleichungen $\dot{x} = \frac{d}{dt}x = a(x,t)$ modelliert. Dabei werden stochastische Fluktuationen außer Acht gelassen. Für Aktienkurse ist eine solche Modellierung nicht angemessen, da bei Kursentwicklungen stochastische Fluktuationen charakteristisch sind. Am einfachsten können stochastische Störungen additiv angesetzt werden als

$$\frac{dx}{dt} = a(x,t) + b(x,t)\xi_t.$$

Hier ist
$\quad a$: deterministischer Anteil,
$\quad b\xi_t$: stochastischer Anteil, ξ_t ein verallgemeinerter stochastischer Prozess.

Ein Beispiel für einen verallgemeinerten stochastischen Prozess ist das *weiße Rauschen*. Für eine kurze Definition des weißen Rauschens müssen wir etwas

ausholen. Ähnlich wie verallgemeinerte Funktionen („Distributionen") beliebig oft differenzierbar sind, kann man von verallgemeinerten stochastischen
Prozessen Ableitungen beliebiger Ordnung definieren. Jedem stochastischen
Prozess kann man eine verallgemeinerte Version zuordnen [Ar73]. Fasst man
einen Wiener-Prozess W_t als verallgemeinerten stochastischen Prozess auf,
so kann W_t differenziert werden. Weißes Rauschen ξ_t ist dann definiert als
$\xi_t = \dot{W}_t = \frac{d}{dt} W_t$. Umgekehrt gilt

$$W_t = \int_0^t \xi_s ds.$$

Dies besagt, dass ein Wiener-Prozess durch Glättung aus einem weißen Rauschen erhalten werden kann. Die glattere Version erspart die Verwendung
verallgemeinerter stochastischer Prozesse, also studiert man die integrierte
Form von $\dot{x} = a(x, t) + b(x, t)\xi_t$,

$$x(t) = x_0 + \int_{t_0}^t a(x, s)ds + \int_{t_0}^t b(x, s)\xi_s ds,$$

wobei $\xi_s ds = dW_s$ ersetzt wird. Das erste Integral ist ein gewöhnliches
(Lebesgue- oder Riemann-) Integral. Die Definition des zweiten Integrales
erfordert einen besonderen Kalkül. Die resultierende stochastische Differentialgleichung (SDE) wird nach Itô benannt.

Definition 1.9   (Itô Stochastische Differentialgleichung)
Die Itô Stochastische Differentialgleichung ist

$$dx = a(x, t)dt + b(x, t)dW_t; \tag{1.15}$$

sie ist die symbolische Schreibweise für die Integralgleichung

$$x(t) = x_0 + \int_{t_0}^t a(x, s)ds + \int_{t_0}^t b(x, s)dW_s.$$

Das zweite Integral ist ein *Itô-Integral* über einen Wiener-Prozess W_t.

Die einzelnen Terme haben Namen:

$a(x, t)dt$: „Drift-Term"
$b(x, t)dW_t$: „Diffusions-Term"
Lösung x: „Itô-Prozess"

Hinweis: Für W_t schreiben wir auch kurz W. Ein Wiener-Prozess ist ein
spezieller Itô-Prozess, mit $a = 0$ und $b = 1$ in (1.15).

Das Itô-Integral ist für den einfachen Fall konstanter Integranden $b(x, s) =
b_0$ auf ein Riemann-Stieltjes-Integral rückführbar mit

$$\int_{t_0}^t dW_s = W_t - W_{t_0}.$$

Für das „nächstschwierigere" Itô-Integral, mit $b(x, s) = W_s$, wird eine Lösung in Abschnitt 3.2 hergeleitet. Das Itô-Integral für beliebige $b(x, s)$ wird hier nicht erklärt. Stattdessen versuchen wir, durch einen experimentellen Zugang ein intuitives Verständnis zu erzeugen. Die einfachste numerische Methode verknüpft die diskrete Version der Itô-SDE

$$\Delta x = a(x, t)\Delta t + b(x, t)\Delta W$$

mit dem Algorithmus 1.8 zur Berechnung eines Wiener-Prozesses. Das Resultat ist der

Algorithmus 1.10   (Euler-Diskretisierung einer SDE)

Näherungen x_j für $x(t_j)$ werden berechnet durch

> *Start:* t_0, x_0, Δt, $W_0 = 0$.
>
> *Schleife* $j = 0, 1, 2, \ldots$
>
> $\qquad t_{j+1} = t_j + \Delta t$
>
> $\qquad \Delta W = Z\sqrt{\Delta t}$ mit $Z \sim \mathcal{N}(0, 1)$
>
> $\qquad x_{j+1} = x_j + a(x_j, t_j)\Delta t + b(x_j, t_j)\Delta W$

Hierbei ist die Schrittlänge Δt im einfachsten Fall äquidistant, also $\Delta t = T/m$ für ein geeignetes m. Natürlich hängt die Genauigkeit der Näherung von Δt ab ($\longrightarrow$ Kapitel 3). Der Algorithmus 1.10 heißt auch Algorithmus von Euler-Maruyama. Seine Auswertung ist simpel; bei Beispielen mit einfachen Funktionen a und b ist der größte Aufwand die Berechnung von Zufallszahlen $Z \sim \mathcal{N}(0, 1)$ ($\longrightarrow$ Abschnitt 2.3). Lösungen der SDE oder ihrer diskretisierten Form bei einer konkreten Realisierung des Wiener-Prozesses heißen *Trajektorie* oder *Pfad*. Unter einer *Simulation* der SDE versteht man die Berechnung von einer oder von mehreren Trajektorien.

Beispiel 1.11 $dx = 0.05x dt + 0.3x dW$

Ohne den Diffusions-Term wäre $x(t) = x_0 e^{0.05t}$ die exakte Lösung. Für $x_0 = 50$, $t_0 = 0$ und ein Zeitinkrement $\Delta t = 1/300$ zeigt die Figur 1.12 eine Trajektorie $x(t)$ der SDE für $0 \leq t \leq 1$. Für eine andere Realisierung eines Wiener-Prozesses W sieht die Lösung anders aus. Dies ist für eine ähnliche SDE in Figur 1.13 demonstriert.

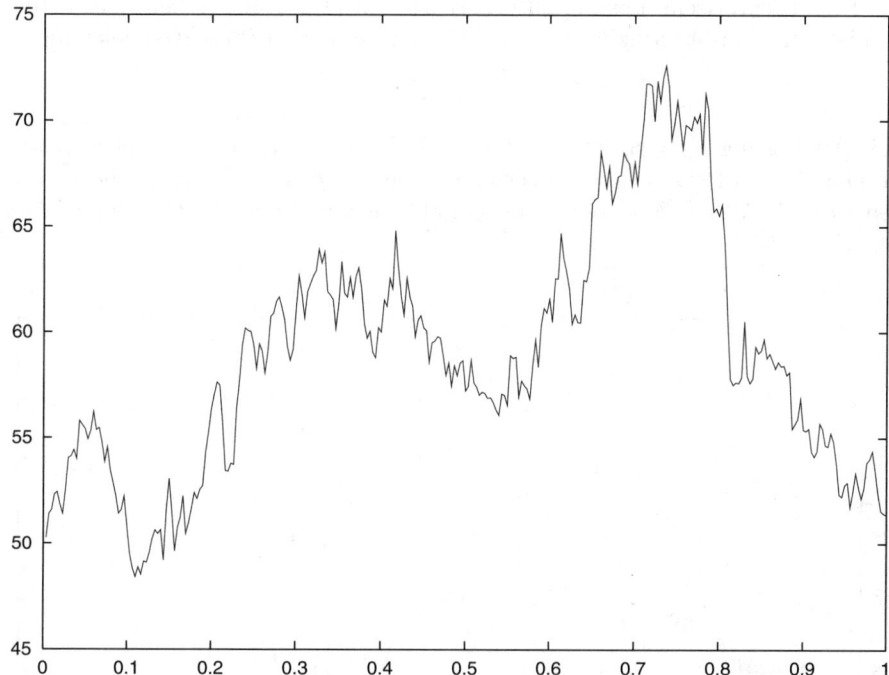

Fig. 1.12. Trajektorie zu Beispiel 1.11 mit $a = 0.05x$, $b = 0.3x$, $\Delta t = 1/300$, $x_0 = 50$

1.6.2 Anwendung auf Aktien

Wir kommen nun zu dem wichtigsten kontinuierlichen Modell für Veränderungen in Aktienkursen S. Nach diesem Standard-Modell setzt sich die relative Änderung *(Return)* dS/S einer Aktie im Zeitintervall dt zusammen aus dem deterministischen Driftanteil μdt und den stochastischen Schwankungen σdW:

Modell 1.12   (geometrische Brownsche Bewegung)

$$\frac{dS}{S} = \mu dt + \sigma dW. \tag{1.16}$$

Diese SDE ist linear in $x = S$, mit $a(S,t) = \mu S$ erwartete Driftrate, $b(S,t) = \sigma S$, σ Volatilität, μ, σ konstant. (Vergleiche Beispiel 1.11 und Figur 1.12.) Die geometrische Brownsche Bewegung nach (1.16) ist das Referenzmodell, auf dem die Black-Scholes-Annahmen aufbauen.

Eine theoretische Lösung zu (1.16) wird in (1.21) angegeben. Der deterministische Anteil reduziert sich auf die gewöhnliche Differentialgleichung

$$\dot{S} = \mu S$$

mit der Lösung $S_t = S_0 e^{\mu(t-t_0)}$. Diese Funktion ist der Erwartungswert des stochastischen Prozesses, gewissermaßen seine „Achse". Entsprechend verteilen sich die Werte $S(1)$ der zehn Trajektorien in Figur 1.13 um den Wert $50 \cdot e^{0.1} \approx 55$.

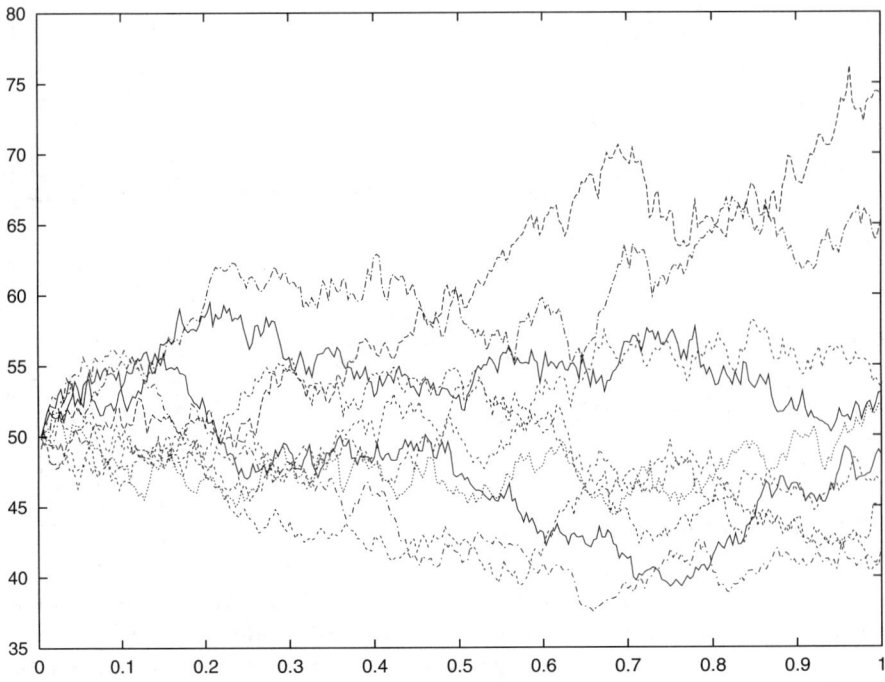

Fig. 1.13. 10 Pfade zur SDE (1.16) mit $S_0 = 50$, $\mu = 0.1$ und $\sigma = 0.2$

Die Version mit diskreter Zeit lautet

$$\frac{\Delta S}{S} = \mu \Delta t + \sigma Z \sqrt{\Delta t},$$

wir kennen sie von Algorithmus 1.10. Es gilt

$$\frac{\Delta S}{S} \sim \mathcal{N}(\mu \Delta t, \sigma^2 \Delta t).$$

Wie in Anhang A3 gezeigt wird, kann eine Option unabhängig vom Risiko in S modelliert werden. Unter der Annahme einer risikoneutralen Welt *nur* für die Modellierung von V wird die erwartete Wachstumsrate μ dem risiko-freien Zinssatz gleichgesetzt, also $\mu = r$. Eine solide Diskussion erfordert Martingaltheorie, vergleiche hierzu etwa die Ausführungen in [Du96], [Hu97], [Ne96], [MR97], [Ir98], [Ko99]. Eine behelfsmäßige, intuitive Erklärung ist, dass das Risiko bereits im Kurs S_t der Aktie enthalten ist. Und der Wert der Option wird in Relation zu S_t berechnet. Die Situation sei in einer Bemerkung zusammengefasst.

Bemerkung 1.13

Für die Modellierung von Optionen wird die Driftrate μ durch den risi-koneutralen Zinssatz r ersetzt, $\mu = r$. Im allgemeinen gilt $\mu \neq r$; sonst würde niemand sein Geld in Aktien anlegen. Der Anleger erhofft $\mu > r$ als Ausgleich für das im Vergleich zu festverzinslichen Anlagen höhere Risiko von Aktien.

Mean Reversion

Eine konstante Zinsrate r ist ebenso wie eine konstante Volatilität σ eine drastische Annahme. Dewegen hat man SDEs konstruiert, welche r oder σ stochastisch regeln. Ein Beispiel ist

$$dr = a(R(t) - r)dt + \sigma dW. \tag{1.17}$$

Mit dieser SDE wird r mit der Rate a gegen die *mean reversion* $R(t)$ „gezo-gen". Die SDE (1.17) ist wiederum linear, jetzt aber von anderem Typ als (1.16). Koppelung der SDE für r mit der SDE für S ergibt ein System von 2 SDEs. Man erhält noch größere Systeme, wenn man weitere SDEs zur Defi-nition von $R(t)$ oder SDEs zur Berechnung von stochastischen Volatilitäten hinzunimmt. Ein solches Beispiel wird unten in Beispiel 1.14 angegeben.

Vektorwertige SDEs

Die Itô-Gleichung (1.15) ist als skalare Gleichung formuliert worden. Mit glei-cher Schreibweise wird die allgemeinere Vektorform abgekürzt. Dabei sind x und $a(x,t)$ jeweils n-dimensionale Vektoren. Der Wiener-Prozess W_t kann m-dimensional sein, mit Komponenten $W^1, ..., W^m$. Dann ist $b(x,t)$ eine $(n \times m)$-Matrix. Die Interpretation des SDE-Systems erfolgt komponentenweise. Die skalaren stochastischen Integrale sind dann Summen von m stochastischen Integralen,

$$x_i(t) = x_{0i} + \int_{t_0}^t a_i(x,s)ds + \sum_{k=1}^m \int_{t_0}^t b_{ik}(x,s)dW_s^k,$$

für $i = 1, ..., n$.

Beispiel 1.14

S bezeichnet den Aktienkurs bei Zinssatz $r = 0$, die momentane Volati-lität σ ist stochastisch, ζ ist eine mittlere Volatilität:

$$\begin{cases} dS = \sigma S dW^1 \\ d\sigma = -(\sigma - \zeta)dt + \alpha\sigma dW^2 \\ d\zeta = \beta(\sigma - \zeta)dt \end{cases}$$

dW^1 und dW^2 können korreliert sein. Die stochastische Volatilität σ folgt der mittleren Volatilität ζ nach und wird gleichzeitig durch einen Wiener-Prozess gestört. Numerische Experimente mit diesem System von SDEs sind zu empfehlen!

Zur Numerik

Stochastische Differentialgleichungen werden im Rahmen von Monte-Carlo-Methoden simuliert. Die SDE wird N-mal integriert, mit N sehr groß, z.B. $N = 10000$ oder mehr. Dabei ist eine einzelne Trajektorie bedeutungslos. Über die N Trajektorien werden dann Erwartungswert und Varianz ausgerechnet. Dies bedingt einen enormen Bedarf an Rechenzeit. Die hierzu benötigen numerischen Instrumente sind:

1.) Erzeugung von $\mathcal{N}(0,1)$-verteilten Zufallsvariablen (Kapitel 2)
2.) Integrationsverfahren für SDEs (Kapitel 3)

1.7 Itô–Lemma und Folgerungen

Eine fundamentale Grundlage für stochastische Prozesse ist das Lemma von Itô. Mit seiner Hilfe können zum Beispiel Lösungen spezieller SDEs hergeleitet werden ($\longrightarrow$ Übung 1.6).

Lemma 1.15   (Itô)
x folge einem Itô-Prozess (1.15), und $g(x, t)$ sei eine Funktion mit stetigen $\frac{\partial g}{\partial x}$, $\frac{\partial^2 g}{\partial x^2}$, $\frac{\partial g}{\partial t}$. Dann folgt auch $y = g(x, t)$ einem Itô–Prozess mit dem *gleichen* Wiener–Prozess W:

$$dy = \left(\frac{\partial g}{\partial x}a + \frac{\partial g}{\partial t} + \frac{1}{2}\frac{\partial^2 g}{\partial x^2}b^2 \right)dt + \frac{\partial g}{\partial x}b \; dW \qquad (1.18)$$

Zum Beweis sei auf [Ar73], [Øk98] verwiesen. Hier wird die Grundidee geschildert. In (1.18) steckt auch das vollständige Differential $\frac{\partial g}{\partial x}dx + \frac{\partial g}{\partial t}dt$, in welches dx von (1.15) eingesetzt wird. Der zusätzliche Term mit der Ableitung $\frac{\partial^2 g}{\partial x^2}$ ist neu und kommt über den $O(dx^2)$-Term der Taylorentwicklung herein. Wegen (1.13) und (1.15) ist dieser Term wiederum von der Ordnung $O(dt)$ und tritt deswegen in (1.18) hinzu.

Folgerungen für Aktien
Wir setzen wie oben $x = S$, $a = \mu S$, $b = \sigma S$. Für $y = V(S, t)$ ergibt sich

$$dV = \left(\frac{\partial V}{\partial S}\mu S + \frac{\partial V}{\partial t} + \frac{1}{2}\frac{\partial^2 V}{\partial S^2}\sigma^2 S^2\right)dt + \frac{\partial V}{\partial S}\sigma S dW. \tag{1.19}$$

Diese Beziehung findet bei der Herleitung der Black-Scholes-Gleichung Verwendung ($\longrightarrow$ Anhang A3). Als zweite Anwendung des Lemmas von Itô betrachten wir $y = \log(S)$, also $g(x,t) = \log(x)$. Es folgt die SDE

$$d\log S = (\mu - \frac{1}{2}\sigma^2)dt + \sigma dW.$$

Die Lösung des deterministischen Anteils $\dot{y} = \mu - \frac{\sigma^2}{2}$ mit Anfangsbedingung $y(t_0) = y_0$, ist

$$y(t) = y_0 + (\mu - \frac{\sigma^2}{2})(t - t_0).$$

Also genügt $\log S_t$ einem Itô-Prozess mit Erwartungswert

$$\mathsf{E}(\log S_t) = \log S_0 + (\mu - \frac{\sigma^2}{2})(t - t_0)$$

und Varianz $\sigma^2(t - t_0)$. Damit ist auch $y(t) - y_0 = \log S_t - \log S_0$ normalverteilt, mit Dichtefunktion

$$\frac{1}{\sigma\sqrt{2\pi(t - t_0)}}\exp\left\{-\frac{\left(y - y_0 - \left(\mu - \frac{\sigma^2}{2}\right)(t - t_0)\right)^2}{2\sigma^2(t - t_0)}\right\}.$$

Durch Rücktransformation über $y = \log(S)$ unter Berücksichtigung von $dy = \frac{1}{S}dS$ ergibt sich die Dichte von S selbst:

$$f(S; t - t_0, S_0) := \frac{1}{S\sigma\sqrt{2\pi(t - t_0)}}\exp\left\{-\frac{\left(\log(S/S_0) - \left(\mu - \frac{\sigma^2}{2}\right)(t - t_0)\right)^2}{2\sigma^2(t - t_0)}\right\} \tag{1.20}$$

Man sagt hierzu, daß S_t *lognormalverteilt* ist. Die lognormal-Verteilung von S ist eine schiefe Verteilung (vgl. Figur 1.14). Durch Integration berechnet man die Beziehung (1.6) für $\mathsf{E}(S^2)$, wobei zur Simulation eines risikofreien Marktes entsprechend der Bemerkung 1.13 $\mu = r$ gesetzt wird ($\longrightarrow$ Übung 1.7).

Es ist anregend, das Modell 1.12 der geometrischen Brownschen Bewegung anhand wirklicher Marktdaten $S_1, ..., S_M$ zu testen. Diese Zeitreihe repräsentiere chronologisch aufeinanderfolgende Notationen eines Kurses. Zum Test der Daten kann man zum Beispiel Histogramme aufstellen ($\longrightarrow$ Figur 1.15). Es zeigt sich, dass auch hier die Transformation $y = \log(S)$ gute Dienste leistet ($\longrightarrow$ Übung 1.8). Aus diesen Daten kann eine Schätzung für die Volatilität σ berechnet werden.

Mit Hilfe des Itô-Lemmas gelingt es, eine theoretische Lösung zu der für die Diskussion von Kursen S_t wichtigen linearen SDE (1.16)

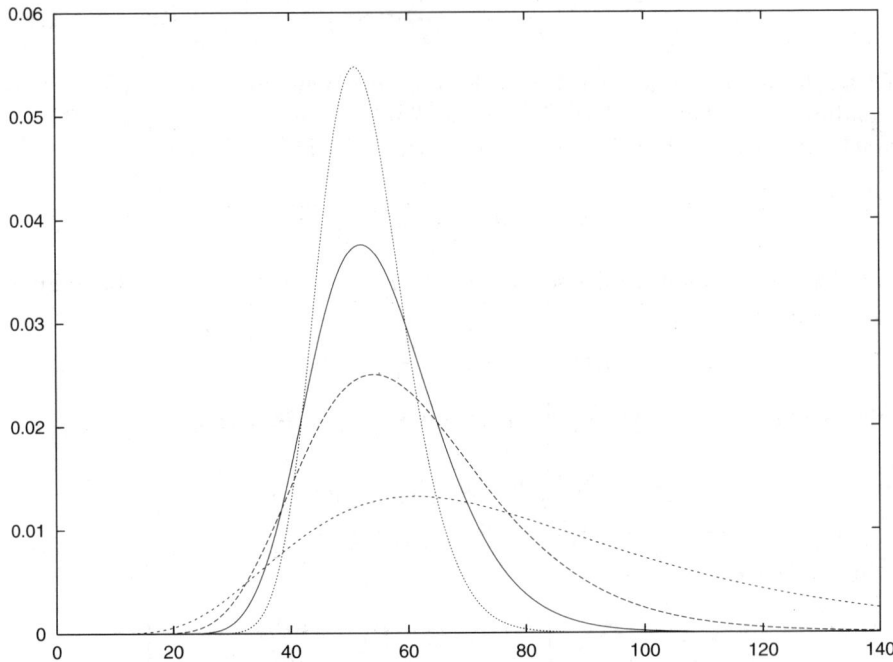

Fig. 1.14. Dichtefunktion (1.20) in Abhängigkeit von S für $\mu = 0.1$, $\sigma = 0.2$, $S_0 = 50$, $t_0 = 0$ und $t = 0.5$ (gepunktete, steile Kurve), $t = 1$ (durchgezogene Kurve), $t = 2$ (gestrichelt) und $t = 5$ (gepunktet, flache Kurve)

$$dS = \mu S dt + \sigma S dW$$

von Abschnitt 1.6 herzuleiten. Hierzu setzt man für beliebigen Wiener-Prozess W speziell $x := W$ und

$$y = g(x,t) := S_0 \exp\left(\left(\mu - \frac{\sigma^2}{2}\right) t + \sigma x\right).$$

Aus $x = W$ folgt die SDE $dx = dW$, also $a = 0$ und $b = 1$. Das Lemma von Itô liefert

$$dy = \left(\mu - \frac{\sigma^2}{2}\right) y dt + \frac{\sigma^2}{2} y dt + \sigma y dW$$

$$= \mu y dt + \sigma y dW.$$

Also löst

$$S_t := S_0 \exp\left(\left(\mu - \frac{\sigma^2}{2}\right) t + \sigma W_t\right) \tag{1.21}$$

die lineare SDE (1.16). Wir werden hierauf in Kapitel 3 zurückkommen.

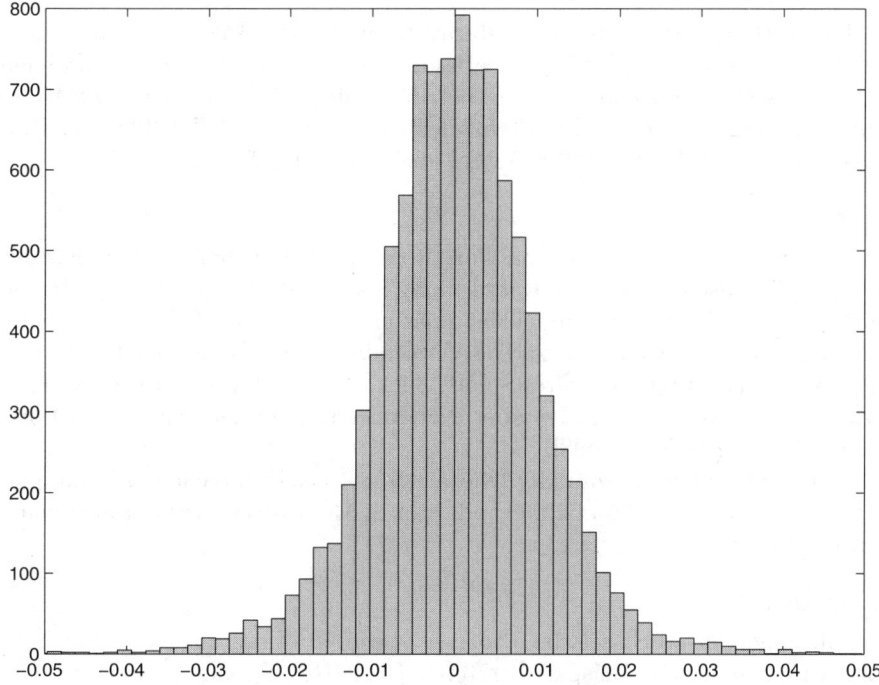

Fig. 1.15. Histogramm (vgl. Übung 1.18): Häufigkeiten der Returns $R_{i,i-1}$ des DAX vom 28.9.1959–31.8.1999

Anmerkungen

zu Abschnitt 1.1:

Wir haben hier das Grundprinzip der Option nur knapp dargestellt. Für ein vertieftes Studium der Optionen und anderer Finanzderivate sei auf die Literatur verwiesen, zum Beispiel auf [CR85], [Hu97], [WDH96], [Ir98], [Ko99], oder für eine ausführliche mathematische Behandlung auf [MR97], [KS98].

zu Abschnitt 1.2:

Black und Scholes haben ihren Zugang gleichzeitig mit Merton entwickelt. Merton und Scholes erhielten für ihre Arbeiten, die zur Gleichung (1.2) führten, im Jahr 1997 den Nobelpreis für Wirtschaftswissenschaften. (Black war 1995 verstorben.) Zur Wertung des Nobelpreises aus mathematischer Sicht siehe [Fö98]. Die Annahmen 1.2 wurden zum Teil durch andere Modelle ersetzt, siehe z.B. [EK95], [Eb98].

zu Abschnitt 1.3:

In diesem Buch werden spezielle Literaturhinweise zu numerischen Verfahren bei der Diskussion der jeweiligen Methoden gegeben. Diese Angaben beziehen sich — was *Computational Finance* betrifft — überwiegend auf Zeitschriften-Publikationen. Ein allgemeines Lehrbuch zum Thema ist [WDH96]. Für Hinweise auf weiterführende Literatur sei auch auf [RT97] verwiesen.

zu Abschnitt 1.4:

Die Binomialmethode wurde von Cox, Ross und Rubinstein 1979 vorgestellt [CRR79], ist also eine spätere Entwicklung als das Modell von Black, Merton und Scholes. Die Wahrscheinlichkeit p ist eine Wahrscheinlichkeit, die einer risikoneutralen Welt entspricht. Die Verwendung dieses p bei der Bewertung des Baumes bedeutet ein „faires Spiel", oder *Martingal*. Eine alternative Herleitung des korrekten p erfolgt über die Konstruktion eines passenden Portfolios [Hu97], [MR97], [Eb98].

Entsprechend der Anzahl der Knoten steigt auch der Rechenaufwand quadratisch mit M. Zur Binomialmethode gibt es Möglichkeiten der Konvergenzbeschleunigung [Br91].

zu Abschnitt 1.5:

Einführungen in stochastische Prozesse sowie Hinweise auf weiterführende Literatur geben zum Beispiel [Ar73], [KP92]. Der Wiener-Prozess wird in der Literatur gelegentlich als Brownsche Bewegung bezeichnet, wobei der physikalische Hintergrund mit dem mathematischen Modell identifiziert wird.

zu Abschnitt 1.6:

Der Zusammenhang zwischen Weißem Rauschen und Wiener-Prozessen wird in [Ar73] analysiert. Ein weißes Rauschen ist ein Gaußscher Prozess ξ_t mit $\mathsf{E}(\xi_t) = 0$ und einer Spektraldichte, die auf der ganzen reellen Achse konstant ist. Dieser Begriff ist eine Analogie zum weißen Licht, das alle Frequenzen des sichtbaren Bereiches gleichmäßig enthält.

Das Itô-Integral und das alternative Stratonovich-Integral sind in der Literatur erklärt, siehe zum Beispiel [Ar73], [KP92], [Øk98], [Sc80]. Der Unterschied zwischen den beiden Integralen lässt sich am einfachsten festmachen für Diffusionsterme $b(t)dW_t$, bei denen $b(t)$ eine Treppenfunktion ist über der Partitionierung $t_0 < t_1 < ... < t_n = t$ mit $b(t) = b(t_{i-1})$ für $t \in [t_{i-1}, t_i)$. Dann kann eine Definition des stochastischen Integrals $\int_{t_0}^t b(s)dW_s$ angesetzt werden über Riemann-Stieltjes-Summen

$$\sum_{i=1}^n b(\tau_i) \left(W_{t_i} - W_{t_{i-1}} \right)$$

mit Zwischenstellen $\tau_i \in [t_{i-1}, t_i]$. Während Itô *nicht vorgreifend* $\tau_i = t_{i-1}$ wählt, ist das Stratonovich-Integral durch $\tau_i = \frac{1}{2}(t_{i-1} + t_i)$ definiert. Beide Integrale haben unterschiedliche Eigenschaften.

Das Modell von Gleichung (1.16) ist das klassische Modell für die Dynamik von Aktienkursen. Es geht auf Samuelson zurück (1965; Nobelpreis für Wirtschaftswissenschaften 1970).

Eine allgemeine lineare SDE ist von der Form

$$dx = (a_1(t)x + a_2(t))dt + (b_1(t)x + b_2(t))dW.$$

Der Erwartungswert $\mathsf{E}(x)$ des Lösungs-Prozesses x einer linearen SDE genügt der Differentialgleichung

$$\frac{d}{dt}\mathsf{E}(x) = a_1\mathsf{E}(x) + a_2,$$

vergleiche [KP92], S. 113. Das Beispiel 1.13 mit einem System von drei SDEs stammt aus [HPS92].

Ob lineare Modelle auf Dauer Bestand haben werden, dürfte fraglich sein. In [EK95] wurden hyperbolische Verteilungen vorgestellt, die mit empirischen Daten gut übereinstimmen. Weil Wiener-Prozesse stetig sind, eignen sie sich nicht unbedingt zur Modellierung heftiger Sprünge, wie sie bei Kursentwicklungen vorkommen können. Die Normalverteilung von $\log(S)$ hat deswegen im Vergleich zur Finanzwirklichkeit häufig zu dünne *tails*. Wenn die *tails* der Verteilung schlecht modelliert werden, dann sind die *Value at Risk (VaR)*-Berechnungen, die darauf aufbauen, nicht vertrauenswürdig. Zum Risiko-Aspekt siehe [BaN97], [Do98], [EKM97], [Za97].

Übungsaufgaben

Übung 1.1   Put-Call-Parität

Wir betrachten ein Wertpapierdepot (Portfolio), welches aus drei Posten zum gleichen zugrundeliegenden Basiswert besteht. Diese sind ein Wertpapier (Kurs S), ein europäischer Put (Wert V_P) und ein *emittierter* europäischer Call (Wert V_C). Put und Call haben das gleiche Verfallsdatum, es fallen keine Dividenden an. Man zeige, dass zum Zeitpunkt t

$$S + V_P - V_C = Ee^{-r(T-t)}$$

gilt, wobei E der Basispreis und r der risikofreie Zinssatz ist.

Übung 1.2   Transformation der Black-Scholes-Gleichung

Man zeige: Die Black-Scholes-Gleichung (1.2)

$$\frac{\partial V}{\partial t} + \frac{\sigma^2}{2}S^2\frac{\partial^2 V}{\partial S^2} + rS\frac{\partial V}{\partial S} - rV = 0$$

für $V(S,t)$ ist äquivalent zu der Gleichung

$$\frac{\partial y}{\partial \tau} = \frac{\partial^2 y}{\partial x^2}$$

für $y(x, \tau)$. Für den Nachweis gehe man wie folgt vor:

a) Für die Transformation $S = Ee^x$ und eine geeignete Transformation $t \leftrightarrow \tau$ zeige: (1.2) ist äquivalent zu

$$-\dot{V} + V'' + \alpha V' + \beta V = 0$$

mit $\dot{V} = \frac{\partial V}{\partial \tau}$, $V' = \frac{\partial V}{\partial x}$, α, β von r und σ abhängig.

b) Der Rest folgt mit einer Transformation vom Typ

$$V = E \exp(\gamma x + \delta \tau) y(x, \tau)$$

für geeignete γ, δ.

c) Man transformiere die Randbedingungen und die Endbedingung der Black-Scholes-Gleichung entsprechend.

Übung 1.3   Verteilungsfunktion zur Standard–Normalverteilung

Man formuliere einen Algorithmus zur Berechnung von

$$F(x) = \frac{1}{\sqrt{2\pi}} \int_{-\infty}^{x} \exp(-\frac{t^2}{2}) dt.$$

Hinweis: Es soll ein Algorithmus zur Berechnung der *error function*

$$\text{erf}(x) := \frac{2}{\sqrt{\pi}} \int_{0}^{x} \exp(-t^2) dt$$

formuliert und verwendet werden. Hierzu verwende man Quadraturverfahren ($\longrightarrow$ Anhang A4).

Übung 1.4   Berechnung eines Schätzers für die Varianz

Ein Schätzer für die Varianz von M Zahlen $x_1, ..., x_M$ ist

$$s_M^2 := \frac{1}{M-1} \sum_{i=1}^{M} (x_i - \bar{x})^2, \quad \text{mit} \quad \bar{x} := \frac{1}{M} \sum_{i=1}^{M} x_i$$

Die alternative Formel

$$s_M^2 = \frac{1}{M-1} \left(\sum_{i=1}^{M} x_i^2 - \frac{1}{M} \left(\sum_{i=1}^{M} x_i \right)^2 \right)$$

lässt sich mit nur einer Schleife $i = 1, ..., M$ programmieren, sollte aber wegen Auslöschungsgefahr nicht verwendet werden. Zu empfehlen ist der folgende Algorithmus:

$$\alpha_1 := x_1, \ \beta_1 := 0$$

$$\text{für } i = 2, ..., M :$$

$$\alpha_i := \alpha_{i-1} + \frac{x_i - \alpha_{i-1}}{i}$$

$$\beta_i := \beta_{i-1} + \frac{(i-1)(x_i - \alpha_{i-1})^2}{i}$$

a) Man zeige: $\bar{x} = \alpha_M$, $s_M^2 = \frac{\beta_M}{M-1}$.
b) Für den i-ten *update* im Algorithmus führe man eine Rundungsfehleranalyse durch. Wie ist der Algorithmus zu beurteilen?

Übung 1.5   Implementierung der Binomial–Methode

Man entwerfe und implementiere einen Algorithmus zur Berechnung des Wertes V einer europäischen oder amerikanischen Option. Hierzu verwende man die Binomial–Methode von Algorithmus 1.4.

INPUT: r (Zinssatz), σ (Volatilität), T (Laufzeit in Jahren), E (strike price), S (Kurs), sowie die Wahlmöglichkeiten *Put* oder *Call*, und *europäisch* oder *amerikanisch*.

Man arbeite mit adaptiver Feinheit $\Delta t = T/M$. Hierzu berechne man V für $M = 8$ und $M = 16$ und bei starker Änderung der Werte von V für zwei weitere Zweierpotenzen von M. Programmiersprachen: beispielsweise FORTRAN 90, C oder C^{++}.

Beispiele: a) Put, europäisch, $r = 0.06$, $\sigma = 0.3$, $T = 1$, $E = 10$, $S = 5$
             b) Put, amerikanisch, $S = 9$, sonst wie a)
             c) Call, sonst wie a)

Übung 1.6   Theoretische Lösung spezieller SDEs

Man zeige mit Hilfe des Itô-Lemmas

a) $X_t = \exp\left(W_t - \frac{1}{2}t\right)$ löst $dX_t = X_t dW_t$
b) $X_t = \exp\left(2W_t - t\right)$ löst $dX_t = X_t dt + 2X_t dW_t$

Hinweis: Verwende geeignete Funktionen g mit $Y_t = g(X_t, t)$. In (a) starte mit $X_t = W_t$ und $g(x,t) = \exp(x - \frac{1}{2}t)$.

Übung 1.7   Momente der Lognormalverteilung

Für die Dichtefunktion $f(S; t - t_0, S_0)$ aus Gleichung (1.20) zeige man

a) $\int_0^\infty S f(S; t - t_0, S_0) dS = S_0 e^{\mu(t-t_0)}$
b) $\int_0^\infty S^2 f(S; t - t_0, S_0) dS = S_0^2 e^{(\sigma^2 + 2\mu)(t-t_0)}$

Hinweis: Setze $y = \log(S/S_0)$ und transformiere das Argument der Exponentialfunktion auf ein Quadrat.
Wer hiernach noch Kondition hat, berechne den Wert von S, für den f maximal ist.

Übung 1.8   Return von Basiswerten

Gegeben sei die Zeitreihe $S_1, ..., S_M$ eines Kurses (zum Beispiel die Daten von Figur 1.10 im Internet http://www.mi.uni-koeln.de/numerik/compfin).
Der *Return*

$$\hat{R}_{i,j} := \frac{S_i - S_j}{S_j}, \quad \text{für } j = i - 1,$$

hat nicht die wünschenswerte Eigenschaft

$$R_{M,1} = \sum_{i=2}^{M} R_{i,i-1}. \tag{$*$}$$

Besser ist der Return

$$R_{i,j} := \log S_i - \log S_j, \quad \text{für } j = i - 1.$$

a) Man zeige $R_{i,i-1} \approx \hat{R}_{i,i-1}$, und
b) $R_{i,j}$ erfüllt $(*)$.
c) Für empirische Daten berechne man die $R_{i,i-1}$ und stelle Histogramme auf.
d) Es sei angenommen, dass S lognormalverteilt ist. Wie kann man aus einer Schätzung der Varianz einen Wert für die Volatilität gewinnen?

Kapitel 2 Berechnung von Zahlen nach vorgegebenen Verteilungen

Für die Simulation und die Bewertung von Finanzinstrumenten benötigt man Zahlen, die nach bestimmten Vorgaben verteilt sein sollen. In Abschnitt 1.5 haben wir zum Beispiel Zahlen $Z \sim \mathcal{N}(0, 1)$ verlangt. Nach Möglichkeit sollen die Zahlen Zufallszahlen sein. Die Erzeugung im Rechner wird letztlich deterministisch ablaufen. Entsprechend generierte „Pseudo-Zufallszahlen" versuchen, die Eigenschaften von wirklichen Zufallszahlen nachzubilden (Abschnitt 2.1). Durch geeignete Transformationen können normalverteilte Zahlen berechnet werden, wie sie für die Simulation von Wiener-Prozessen benötigt werden (Abschnitte 2.2, 2.3). Ein weiterer Schritt ist es, die Verteilung der Zahlen nicht dem (Pseudo-)Zufall zu überlassen, sondern eine gleichmäßige Zahlenverteilung nach vollständig deterministischen Prinzipien zu konstruieren. Dabei entstehen Zahlen niedriger Diskrepanz (Abschnitt 2.4). Letztere werden für die deterministische Monte-Carlo-Integration verwendet.

2.1 Pseudo–Zufallszahlen

Die Berechnung von Zufallszahlen im Digitalrechner erfolgt nach deterministischen, reproduzierbaren Methoden. Deswegen heißen die so erzeugten „Zufallszahlen" genauer **Pseudo–Zufallszahlen**[1].

Definition 2.1

Eine Folge von Zahlen heißt **nach F verteilte Zufallszahlen**, wenn sie unabhängige Realisierungen einer nach einer Verteilungsfunktion F verteilten Zufallsvariablen sind.

Ausgangspunkt sind diejenigen Pseudo-Zufallszahlen, die auf dem Intervall $[0, 1]$ gleichverteilt sind. Schreibweise: $\sim \mathcal{U}[0, 1]$.

---

[1] Wenn aus dem Zusammenhang dieser deterministische Charakter klar ist, sprechen wir trotzdem kurz von Zufallszahlen.

2.1.1 Lineare Kongruenz–Methoden

Eine Folge von Zahlen X_i ist definiert durch den

Algorithmus 2.2   (Lineare Kongruenz-Methode)

$$
\begin{array}{|l|}
\hline
\\
\text{Wähle } X_0. \\
\text{Für } i = 1, 2, \dots \text{ berechne} \\
X_i = (aX_{i-1} + b) \mod M \\
\\
\hline
\end{array}
\qquad (2.1)
$$

Die *modulo*-Kongruenz $X = Y \mod M$ zwischen zwei Zahlen X und Y ist eine Äquivalenzrelation [Ge98]. In Algorithmus 2.2 sind alle Variablen natürliche Zahlen, $a, b, X_0 \in \{0, 1, \dots, M - 1\}$, $a \neq 0$. Die Zahl X_0 ist der Anfangswert (engl. *seed*). Zahlen $U_i \in [0, 1)$ sind definiert durch

$$U_i = X_i / M. \qquad (2.2)$$

Eigenschaften 2.3

(a) $X_i \in \{0, 1, \dots, M - 1\}$
(b) Die X_i sind periodisch mit Periode $\leq M$.
(denn: Es gibt nicht $M+1$ verschiedene X_i. Also müssen in $\{X_0, \dots, X_M\}$ zwei gleich sein, $X_i = X_{i+p}$ mit $p \leq M$.)
(c) Im Fall $b = 0$ muß $X = 0$ ausgeschlossen werden.
(Sonst würde sich $X_i = 0$, sofern es auftritt, immer wiederholen.)

Im Fall $a = 1$ gilt $X_n = (X_0 + nb) \mod M$, diese Folge wäre zu leicht vorhersehbar.

Diverse weitere Eigenschaften und sinnvolle Forderungen finden sich in der Literatur, zum Beispiel in [Kn95]. Im Hinblick auf (b) sollte M möglichst groß sein. Denn ein kleines M legt Vorhersehbarkeit nahe — ein Gegensatz zum Zufall. Ist die Periode $= M$, dann sind die Pseudo-Zufallszahlen gleichverteilt, wenn man genau M Zahlen benötigt (weil jede Zahl genau einmal „dran" kommt). Auf $[0, 1]$ ist die Gitterweite $\frac{1}{M}$. Zufallszahlen können statistischen Tests unterworfen werden, ob sie nach F verteilt sind (hier: Gleichverteilung).

2.1.2 Zufalls–Vektoren

Weiter werden die Zufallszahlen X_i zu m-Tupeln $(X_i, X_{i+1}, \dots, X_{i+m-1})$ angeordnet und diese bzw. die korrespondierenden Punkte $(U_i, \dots, U_{i+m-1}) \in [0, 1)^m$ auf ihre Korrelation und Verteilung untersucht. Die durch Algorithmus 2.2 definierten Folgen liegen auf $(m - 1)$-dimensionalen Hyperebenen. Diese Aussage ist zunächst trivial, gilt sie doch für die M parallelen Ebenen durch $U = i/M$, $i = 0, \dots, M - 1$. Spannend wird die Aussage erst, wenn sie auch für eine Familie paralleler Ebenen gilt, deren benachbarte Ebenen einen großen Abstand zueinander haben. Wir versuchen im folgenden, eine Schar solcher Ebenen zu konstruieren.

Analyse für den Fall $m = 2$:

$$X_i = (aX_{i-1} + b) \mod M$$
$$= aX_{i-1} + b - kM \quad \text{für} \quad kM \le aX_{i-1} + b < (k+1)M$$

Eine Nebenrechnung für beliebige z_0, z_1 ergibt

$$z_0 X_{i-1} + z_1 X_i = z_0 X_{i-1} + z_1(aX_{i-1} + b - kM)$$
$$= X_{i-1}(z_0 + az_1) + z_1 b - z_1 kM$$
$$= M \cdot \underbrace{\{X_{i-1} \frac{z_0 + az_1}{M} - z_1 k\}}_{=:c} + z_1 b.$$

Nach Division durch M haben wir die Geradengleichung in der (U_{i-1}, U_i)-Ebene

$$z_0 U_{i-1} + z_1 U_i = c + z_1 b M^{-1}. \tag{2.3}$$

Ist ein Tupel (z_0, z_1) vorgegeben, so definiert (2.3) für jedes $c = c(i)$ eine Gerade; alle Geraden sind parallel. Gibt es nun Tupel (z_0, z_1) derart, dass nur wenige der Geraden das Quadrat $[0,1)^2$ schneiden? Wenn $(z_0, z_1) \in \mathbb{Z}^2$ und

$$z_0 + az_1 = 0 \mod M, \tag{2.4}$$

dann ist c ganzzahlig. Durch Auflösen von (2.3) nach c folgt aus $0 \le U_i < 1$ der maximale Bereich $c_{\min} \le c \le c_{\max}$ so dass die zu c gehörende Gerade das Quadrat $[0,1)^2$ schneidet oder berührt. Je nach Konstellation von a, M, z_0 und z_1 kann es sein, dass die Punkte (U_{i-1}, U_i) auf nur wenigen Geraden liegen!

Beispiel 2.4 $X_i = 2X_{i-1} \mod 11$, d.h. $a = 2$, $b = 0$, $M = 11$.
Beispielsweise untersuchen wir für $z_0 = -2$, $z_1 = 1$ die Geradenschar (2.3)

$$-2U_{i-1} + U_i = c$$

in der (U_{i-1}, U_i)-Ebene. Für $U_i \in [0,1)$ gilt $-2 < c < 1$. Wegen $z_0 + az_1 = 0$ gilt $c \in \mathbb{Z}$, dies definiert zwei Geraden (für $c = -1$ und $c = 0$). Beide führen durch das Innere von $[0,1)^2$. Die vom Generator erzeugten Punkte in Figur 2.1 liegen offensichtlich auf diesen Geraden. In dem Bild kann man viele andere Familien von jeweils parallelen Geraden entdecken (für

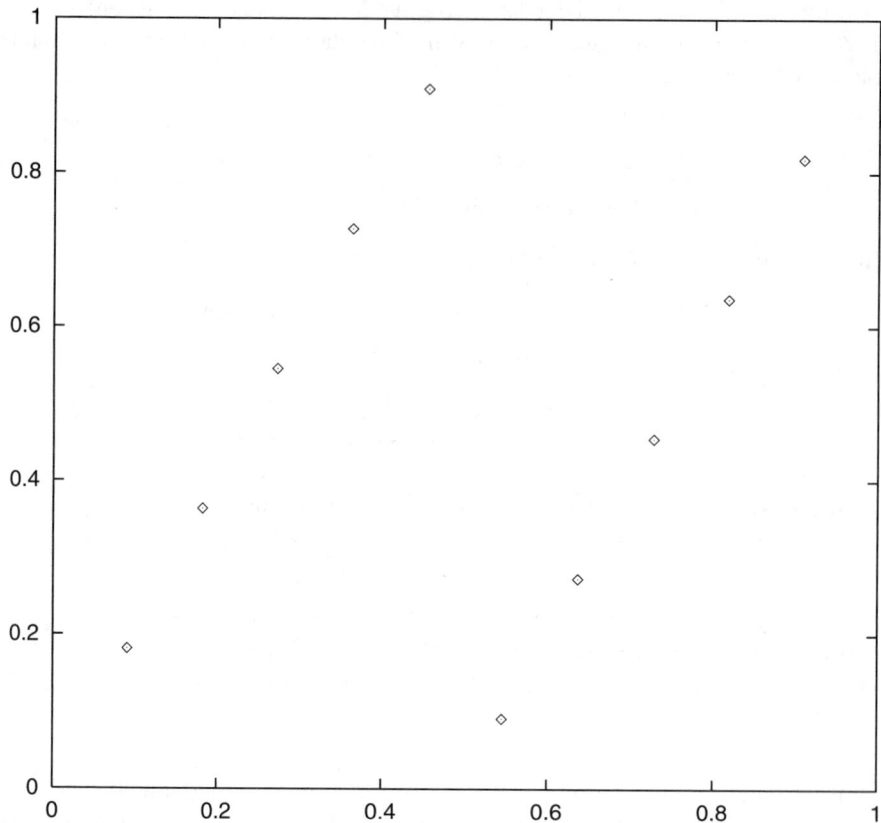

Fig. 2.1. Die Punkte (U_{i-1}, U_i) von Beispiel 2.4

andere z_0, z_1)! Die praktisch wichtige Frage ist: Welches ist die größte Spaltbreite? ($\longrightarrow$ Übung 2.1)

Beispiel 2.5 $X_i = (1229X_{i-1} + 1) \mod 2048$

Die Bedingung von Gleichung (2.4)

$$\frac{z_0 + 1229z_1}{2048} \in \mathbb{Z}$$

wird erfüllt durch $z_0 = -1$, $z_1 = 5$, denn

$$-1 + 1229 \cdot 5 = 6144 = 3 \cdot 2048$$

Der Geradenabstand entlang der vertikalen U_i–Achse ist $\frac{1}{z_1} = \frac{1}{5}$. Alle Punkte (U_{i-1}, U_i) liegen auf nur 6 Geraden, mit $c \in \{-1, 0, 1, 2, 3, 4\}$ (Figur 2.2). Auf der „untersten" Geraden liegt nur ein Punkt.

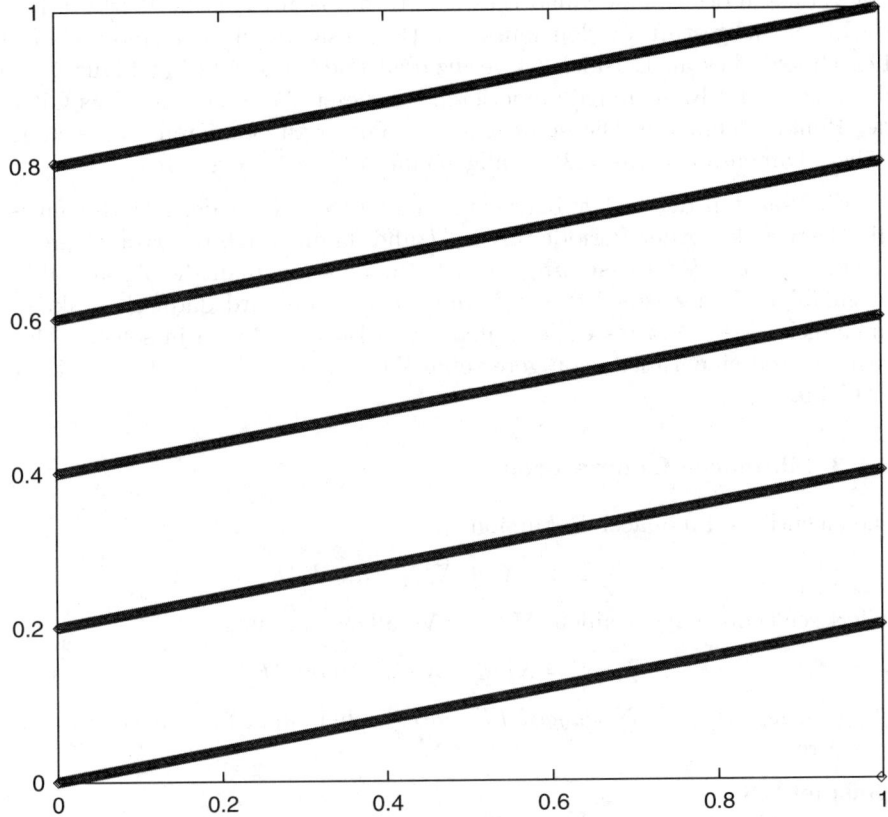

Fig. 2.2. Die Punkte (U_{i-1}, U_i) von Beispiel 2.5

Im Fall höher-dimensionaler Vektoren ($m > 2$) sind die Verhältnisse analog. Ein Beispiel ist der Generator RANDU, definiert durch

$$X_i = aX_{i-1} \mod M, \text{ mit } a = 2^{16} + 3, \ M = 2^{31}$$

Seine Zufallszahlen im Würfel $[0, 1]^3$ liegen auf nur 15 Ebenen ($\longrightarrow$ Übung 2.2).

In Beispiel 2.4 haben wir nach der größten Spaltbreite gefragt. Gesucht sind also Streifen möglichst großer Breite, in denen sich kein Punkt (U_{i-1}, U_i) befindet. Zur Analyse dieser Frage kann das *Gitter* der aufeinanderfolgenden Punkte analysiert werden. Hierzu wenden wir uns erneut der Figur 2.1 zu und folgen den Punkten, ausgehend unten links von $(\frac{1}{11}, \frac{2}{11})$. Durch Vektoraddition eines geeigneten Vielfachen von $\begin{pmatrix} 1 \\ a \end{pmatrix} = \begin{pmatrix} 1 \\ 2 \end{pmatrix}$ erhält man die nächsten beiden Punkte. So geht es weiter, wobei zu berücksichtigen ist, dass bei Verlassen des Einheitsquadrates jede Komponente, welche Werte > 1 erreicht, zurückgestuft werden muss zur Berücksichtigung des mod M. Der Leser möge dies an Beispiel 2.4 verifizieren und die Punkte in Figur 2.1 in der „richtigen" Reihenfolge numerieren. In dieser Weise läßt sich das Gitter der Punkte definieren. Dieser Prozess, das Gitter zu definieren, läßt sich auf höhere Dimensionen ($m > 2$) verallgemeinern ($\longrightarrow$ Übung 2.3).

Ein Nachteil der bisher betrachteten Linearen Kongruenz-Methoden ist die Beschränkung der Periode durch M und damit durch die Wortlänge des Rechners. Eine **Verbesserung** erreicht man, wenn man die Zufallszahlen in zufälliger Weise **mischt** *(shuffling)*; die Periode wird dadurch praktisch unendlich. ($\longrightarrow$ Man teste dies anhand von Beispiel 2.5.) Ein solcher Algorithmus und eine Tabelle von getesteten Werten von M, a, b finden sich in [PTVF92], § 7.1.

2.1.3 Fibonacci–Generatoren

Die eigentliche Fibonacci–Rekursion

$$X_{i+1} := X_i + X_{i-1} \quad \mod M$$

liefert schlechte Zufallszahlen. Mit der Verallgemeinerung

$$X_{i+1} := X_{i-\nu} - X_{i-\mu} \quad \mod M \tag{2.5}$$

für geeingete ν, $\mu \in \mathbb{N}$ *(lagged Fibonacci)* erhält man für etliche ν, μ sehr gute Ergebnisse.

Beispiel 2.6

$$U_i := U_{i-17} - U_{i-5},$$
$$\text{im Fall } U_i < 0 \text{ setze } U_i := U_i + 1.0$$

Die Vorschrift von Beispiel 2.6 erzeugt unmittelbar Gleitpunktzahlen $U_i \in [0, 1)$, sofern auch die 17 Start-U's in diesem Intervall liegen. Der Generator von Gleichung (2.5) kann mit veränderlichen *lags* ν oder μ kombiniert werden. So empfiehlt [KMN89] den folgenden Fibonacci-Generator:

Algorithmus 2.7   (Fibonacci-Generator)

> *Repeat:* uni $= U(i) - U(j)$
>
> falls (uni <0) uni=uni+1
>
> $U(i) = $ uni
>
> $i = i - 1$
>
> $j = j - 1$
>
> falls ($i = 0$) $i = 17$
>
> falls ($j = 0$) $j = 17$

Initialisierung: Setze $i = 17$, $j = 5$, und berechne $U(1), ..., U(17)$ mit einem Kongruenz–Generator, zum Beispiel mit $M = 714025$, $a = 1366$, $b = 150889$, und *seed* $X_0 = $ Alter der Großmutter oder andere schöne Zahlen.

Die Figur 2.3 zeigt 10000 in dieser Weise berechnete Punkte. Eine offensichtliche Struktur dieser Punkte ist nicht zu erkennen. Ein Fibonacci-Generator ist einfach zu implementieren und effizient in der Ausführrung.

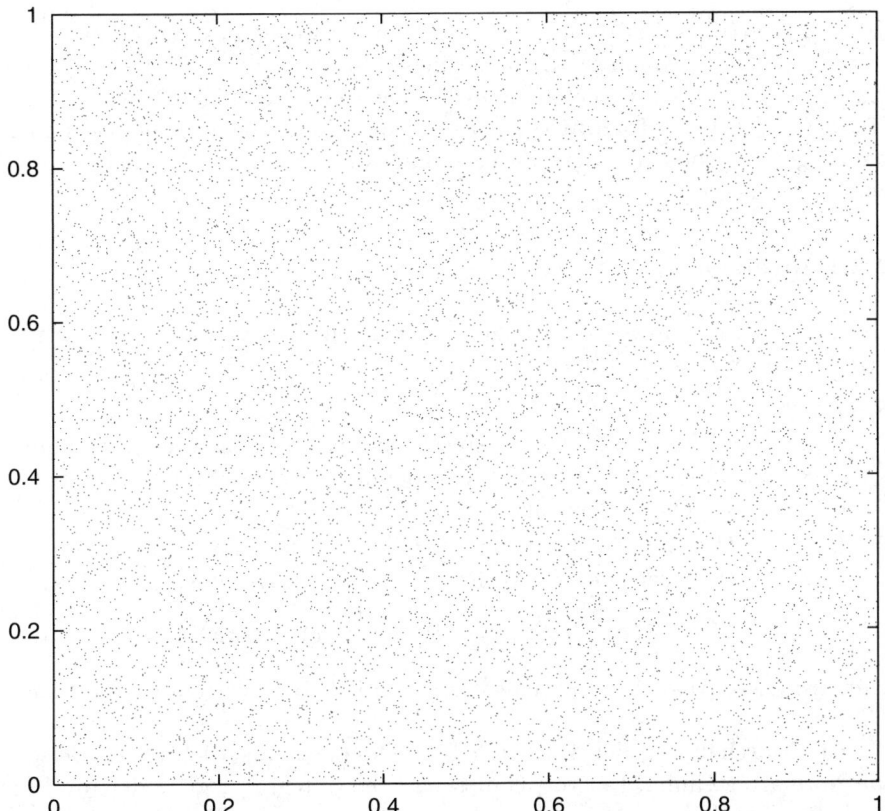

Fig. 2.3. 10000 Pseudo-Zufallspunkte (U_{i-1}, U_i), berechnet mit Algorithmus 2.7

2.2 Transformierte Zufallsvariable

Häufig werden normalverteilte Zufallsvariable benötigt. Gleichverteilte Zufallszahlen dienen hierzu als Grundlage. Eine einfache Strategie ist die Berechnung von

$$X := \sum_{i=1}^{12} U_i - 6, \quad \text{für} \quad U_i \sim \mathcal{U}[0,1] \tag{2.6}$$

X hat Erwartungswert 0 und Varianz 1, und ist wegen des Zentralen Grenz-
wertsatzes ($\longrightarrow$ Anhang A2) näherungsweise normalverteilt ($\longrightarrow$ Übung
2.4). Bessere Methoden berechnen nicht-gleichverteilte Zufallsvariablen durch
eine geeignete **Transformation** aus gleichverteilten Zufallszahlen [De86]. Die
naheliegendste Idee invertiert die Verteilungsfunktion. Diese Möglichkeit wird
zuerst diskutiert.

2.2.1 Inversion

Der im folgenden Satz zusammengefasste einfache Sachverhalt ist die Grundlage der Inversionsverfahren.

Satz 2.8
  Es sei $U \sim \mathcal{U}[0,1]$ und F eine stetige und streng monotone Verteilungsfunktion. Dann existiert die auf $[0,1]$ definierte inverse Funktion F^{-1}, und
  $F^{-1}(U)$ ist gemäß F verteilt.

  Beweis: $U \sim \mathcal{U}[0,1]$ bedeutet $\mathsf{P}(U \leq \xi) = \xi$ für $0 \leq \xi \leq 1$
  (P bezeichnet die Wahrscheinlichkeit). Es folgt

$$\mathsf{P}(F^{-1}(U) \leq x) = \mathsf{P}(U \leq F(x)) = F(x).$$

Hinweis: Diese Aussage ist abschwächbar auf beliebige Verteilungsfunktionen
F.

  Zur Einschätzung der Inversion betrachten wir als wichtigstes Beispiel
die Normalverteilung. Für das Gaußsche Fehlerintegral liegt weder für $F(x)$
noch für die Umkehrabbildung F^{-1} ein geschlossener Formelausdruck vor
($\longrightarrow$ Übung 1.3). Für die numerische Invertierung, also die iterative Lösung
von $F(x) = u$ für vorgegebenes u, sind knifflige Abbruchbedingungen erforderlich, insbesondere wenn x groß ist. Denn für $u \approx 1$ bewirken winzige
Änderungen in u große Veränderungen in x (Figur 2.4). Die Approximationen
der Lösungen x von $F(x) - u = 0$ können mit Bisektion, Newton–Verfahren,
oder Sekanten–Methode erfolgen ($\longrightarrow$ Anhang A4).

  Als Alternative kann die Umkehrfunktion $x = F^{-1}(u)$ durch eine geeignete Funktion $G(u)$ approximiert werden,

$$G(u) \approx F^{-1}(u),$$

so dass nur noch $x = G(u)$ auszuwerten ist. Bei der Konstruktion von G ist zu berücksichtigen, dass $F^{-1}(u)$ bei $u = 1$ und $u = 0$ senkrechte Tangenten hat. Die Näherungsfunktion G muss dieses Polverhalten korrekt wiedergeben. Hierzu bietet sich die rationale Approximation an ($\longrightarrow$ Anhang A4), bei der die Punktsymmetrie zu $(u, x) = \left(\frac{1}{2}, 0\right)$ und der Pol für $u = 1$ (und damit für $u = 0$) bereits in den Ansatz von G hineingesteckt werden ($\longrightarrow$ Übung 2.5). Diesem Zugang werden gute Erfolge bescheinigt; bei einer rationalen Approximation mit genügend vielen Termen können hohe Genauigkeiten erreicht werden [Mo95].

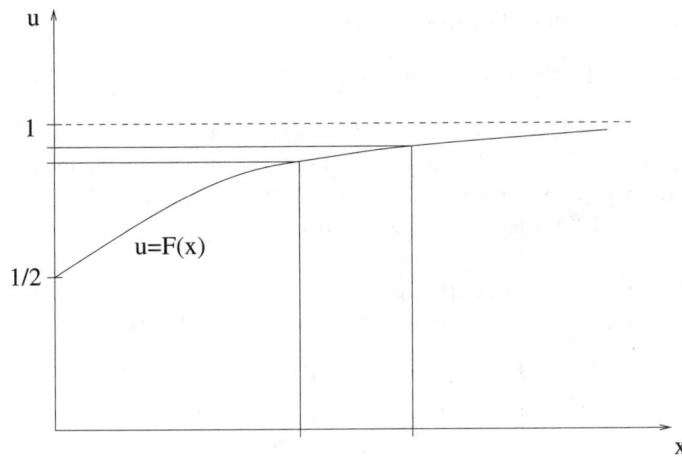

Fig. 2.4. Kleine Änderungen in u können große Änderungen in x bewirken.

2.2.2 Transformationen im $\mathbf{R}^1$

Eine andere Klasse von Verfahren beruht auf Transformationen zwischen Zufallsvariablen. Wir beschreiben zunächst den skalaren Fall.

Satz 2.9

Es sei X Zufallsvariable mit Dichte $f(x)$ und Verteilungsfunktion $F(x)$. Weiter sei $h : S \longrightarrow B$ mit $S, B \subset \mathbb{R}$, wo S der Support[1] (Träger) von $f(x)$ ist, und h sei streng monoton.

(a) Dann ist $Y := h(X)$ Zufallsvariable mit Verteilungsfunktion $F(h^{-1}(y))$.
(b) Falls h^{-1} absolut stetig ist, dann ist für fast alle y die Dichte von $h(X)$

$$f(h^{-1}(y)) \left| \frac{dh^{-1}(y)}{dy} \right| . \qquad (*)$$

---

[1] In diesem Abschnitt ist S kein Kurs.

Beweis:

(a) $P(h(X) \leq y) = P(X \leq h^{-1}(y)) = F(h^{-1}(y))$

(b) h^{-1} absolut stetig $\Longrightarrow$ Die Dichte von $Y = h(X)$ ist fast überall gleich der Ableitung der Verteilungsfunktion.

Die Ableitung $\frac{dF(h^{-1}(y))}{dy}$ mit der Kettenregel impliziert die Behauptung. (Der Betrag in $(*)$ ist erforderlich, um beide Vorzeichen von h' korrekt zu berücksichtigen; Literatur z.B. [Fi89], § 2.4 C)

Anwendung

Wir können Zufallszahlen $\sim U[0,1]$ ausrechnen, also gehen wir von $X \sim U[0,1]$ aus mit f als Dichte der Gleichverteilung,

$$f(x) = 1 \quad \text{für} \ 0 \leq x \leq 1, \quad \text{sonst} \ f = 0.$$

Der Support S ist hier das Einheitsintervall. Gesucht sind Zufallszahlen Y, die zu einer vorgegebenen Dichte $g(y)$ passen sollen. Es bleibt die Aufgabe, ein h zu finden, so dass $g(y)$ identisch zu der in $(*)$ angegebenen Dichte ist. Dann braucht nur noch $h(X)$ ausgewertet zu werden.

Beispiel 2.10   (Exponentialverteilung)

Die Exponentialverteilung mit Parameter $\lambda > 0$ hat die Dichte

$$g(y) = \begin{cases} \lambda e^{-\lambda y} & \text{für} \ y \geq 0 \\ 0 & \text{für} \ y < 0. \end{cases}$$

Der Bereich B besteht hier aus allen nichtnegativen Zahlen. Die Aufgabe soll es sein, eine exponentialverteilte Zufallsvariable Y aus einer $[0,1]$-gleichverteilten Zufallsvariablen X zu erzeugen. Hierzu definieren wir die Transformation vom Einheitsintervall S in B

$$y = h(x) := -\frac{1}{\lambda} \log x$$

mit Umkehrabbildung $h^{-1}(y) = e^{-\lambda y}$ für $y \geq 0$. Für dieses h gilt

$$f(h^{-1}(y)) \left| \frac{dh^{-1}(y)}{dy} \right| = 1 \left| (-\lambda) e^{-\lambda y} \right| = \lambda e^{-\lambda y} = g(y)$$

als Dichte von $h(X)$. Damit ist $h(X)$ exponentialverteilt.

Anwendung:

Wenn $U_1, U_2, \ldots$ $[0,1]$-gleichverteilte Zufallszahlen sind, dann sind die Zahlen $h(U_i)$

$$-\frac{1}{\lambda} \log(U_1), \quad -\frac{1}{\lambda} \log(U_2), \quad \ldots$$

exponentialverteilt.

Versuch zur Normalverteilung

Gesucht ist eine Transformation $y = h(x)$ so dass ihre Dichte gleich derjenigen der Standard-Normalverteilung ist,

$$1 \cdot \left| \frac{dh^{-1}(y)}{dy} \right| = \frac{1}{\sqrt{2\pi}} \exp\left(-\frac{1}{2}y^2 \right).$$

Dies ist eine Differentialgleichung für h^{-1} ohne analytische Lösungsmöglichkeit. Wie wir sehen werden, geht es im $\mathbb{R}^2$ einfacher. Hierzu wird die skalare Transformation von Satz 2.9 verallgemeinert.

2.2.3 Transformation im $\mathbf{R}^n$

Satz 2.11

Es sei X Zufallsvariable auf $\mathbb{R}^n$ mit Dichte $f(x) > 0$ auf dem Support S. Die Transformation $h : S \to B$, $S, B \subset \mathbb{R}^n$, sei umkehrbar eindeutig. $Y := h(X)$ ist die transformierte Zufallsvariable. Die Umkehrabbildung h^{-1} sei stetig differenzierbar auf B.

Dann hat Y die Dichte

$$f(h^{-1}(y)) \left| \frac{\partial(x_1, ..., x_n)}{\partial(y_1, ..., y_n)} \right|, \quad y \in B, \tag{2.7}$$

wobei $x = h^{-1}(y)$ und $\frac{\partial(x_1,...,x_n)}{\partial(y_1,...,y_n)}$ die Determinante der Jacobi-Matrix von $h^{-1}(y)$ ist.

(Satz 4.2 in [De86])

2.3 Normalverteilte Zufallsvariable

In diesem Abschnitt wenden wir die Transformations-Methode an, um normalverteilte Zufallszahlen zu berechnen.

2.3.1 Methode von Box-Muller (1958)

Eine Anwendung des Transformationssatzes 2.11 ist

$$\begin{cases} y_1 = \sqrt{-2 \log x_1} \cos 2\pi x_2 =: h_1(x_1, x_2) \\ y_2 = \sqrt{-2 \log x_1} \sin 2\pi x_2 =: h_2(x_1, x_2). \end{cases} \tag{2.8}$$

Die Funktion $h(x)$ ist auf $[0,1]^2$ definiert mit Werten im $\mathbb{R}^2$. Die Umkehrfunktion h^{-1} ist

$$\begin{cases} x_1 = \exp\left\{-\tfrac{1}{2}(y_1^2 + y_2^2)\right\} \\ x_2 = \dfrac{1}{2\pi} \arctan \dfrac{y_2}{y_1} \end{cases}$$

mit der Determinante der Jacobi-Matrix

$$\frac{\partial(x_1, x_2)}{\partial(y_1, y_2)} = \det \begin{pmatrix} \frac{\partial x_1}{\partial y_1} & \frac{\partial x_1}{\partial y_2} \\ \frac{\partial x_2}{\partial y_1} & \frac{\partial x_2}{\partial y_2} \end{pmatrix} =$$

$$= \frac{1}{2\pi} \exp\left\{-\tfrac{1}{2}(y_1^2 + y_2^2)\right\} \left(-y_1 \frac{1}{1 + \frac{y_2^2}{y_1^2}} \frac{1}{y_1} - y_2 \frac{1}{1 + \frac{y_2^2}{y_1^2}} \frac{y_2}{y_1^2}\right)$$

$$= -\frac{1}{2\pi} \exp\left\{-\tfrac{1}{2}(y_1^2 + y_2^2)\right\}$$

$$= -\left[\frac{1}{\sqrt{2\pi}} \exp\left(-\tfrac{1}{2}y_1^2\right)\right] \cdot \left[\frac{1}{\sqrt{2\pi}} \exp\left(-\tfrac{1}{2}y_2^2\right)\right].$$

Damit ist $\left|\frac{\partial(x_1, x_2)}{\partial(y_1, y_2)}\right|$ die Dichte der Standard–Normalverteilung im $\mathbb{R}^2$ von zwei unabhängigen Zufallsvariablen, also ist $h(X)$ standard-normalverteilt. Wir fassen die Anwendung dieser Transformation zusammen:

Algorithmus 2.12   (Box-Muller)

---

(1) Generiere $U_1 \sim \mathcal{U}[0,1]$ und $U_2 \sim \mathcal{U}[0,1]$.

(2) $\theta := 2\pi U_2, \quad \rho := \sqrt{-2 \log U_1}$

(3) $Z_1 := \rho \cos\theta$ ist standard-normalverteilt
    (ebenso wie $Z_2 := \rho \sin\theta$).

Hinweis: Eine Linien–Struktur in $[0,1]^2$ wie in Beispiel 2.5 wird auf Kurven in der (Z_1, Z_2)–Ebene abgebildet. Dies unterstreicht die Wichtigkeit, eine grobe Linienstruktur auszuschließen.

2.3.2 Methode von Marsaglia

Für $U \sim \mathcal{U}[0,1]$ gilt $V := 2U - 1 \sim \mathcal{U}[-1,1]$. (Vorübergehend missbrauchen wir die Finanzvariable V für lokale Zwecke.) Zwei in dieser Weise berechnete Werte V_1, V_2 bilden einen Punkt in der (V_1, V_2)-Ebene. Es werden nur solche Punkte akzeptiert, die in der Einheits-Kreisscheibe liegen:

$$S_K := \{(V_1, V_2) \mid V_1^2 + V_2^2 < 1\}; \text{ akzeptiere nur } (V_1, V_2) \in S_K.$$

Bei Ablehnung sind beide Werte V_1, V_2 abzulehnen. (V_1, V_2) ist auf S_K gleichverteilt, mit Dichte $f(V_1, V_2) = \frac{1}{\pi}$ für $(V_1, V_2) \in S_K$. Eine Transformation von der Kreisscheibe S_K in das Einheitsquadrat $S := [0,1]^2$ ist definiert durch

$$\begin{pmatrix} x_1 \\ x_2 \end{pmatrix} = \begin{pmatrix} V_1^2 + V_2^2 \\ \frac{1}{2\pi} \arctan \frac{V_2}{V_1} \end{pmatrix}.$$

Das heißt, die kartesischen Koordinaten V_1, V_2 auf S_K werden abgebildet auf den quadrierten Radius und den Winkel.

Dann ist $\begin{pmatrix} x_1 \\ x_2 \end{pmatrix}$ auf S gleichverteilt ($\longrightarrow$ Übung 2.6).

Anwendung: Verwende in (2.8) die Eingabe $V_1^2 + V_2^2$ als x_1 und $\frac{1}{2\pi} \arctan \frac{V_2}{V_1}$ als $[0, 1]$-gleichverteilten Winkel x_2. Es folgt

$$\cos 2\pi x_2 = \frac{V_1}{\sqrt{V_1^2 + V_2^2}}, \quad \sin 2\pi x_2 = \frac{V_2}{\sqrt{V_1^2 + V_2^2}},$$

das heißt die Auswertung von trigonometrischen Funktionen wird eingespart. Der resultierende Algorithmus von Marsaglia modifiziert also die Box-Muller-Methode durch Konstruktion geschickter Eingabezahlen:

Algorithmus 2.13   **(Marsaglias Polar-Methode)**

---

(1) *Repeat:* Generiere $U_1, U_2 \sim \mathcal{U}[0,1]$; $V_i := 2U_i - 1$,
solange bis $W := V_1^2 + V_2^2 < 1$.

(2) $Z_1 := V_1 \sqrt{-2 \log(W)/W}$
ist standard-normalverteilt
(ebenso wie $Z_2 := V_2 \sqrt{-2 \log(W)/W}$).

Eine Illustration normalverteilter Zufallszahlen findet sich in Figur 2.5.

Hinweis zu (1): Die Wahrscheinlichkeit, dass $W < 1$, beträgt $\pi/4 = 0.785...$. Also wird in ca. 21% aller $\mathcal{U}[0,1]$–Ziehungen wegen $W \geq 1$ die Ziehung verworfen. Trotzdem ist Marsaglias Polar-Methode günstiger als die Methode von Box und Muller.

Hinweis zu (2): Der Rechenaufwand wird halbiert, wenn mit Z_1 und Z_2 bei jedem Aufruf des Algorithmus zwei Zufallszahlen geliefert werden. (Z_2 und Z_1 sind unabhängig.) ($\longrightarrow$ Übung 2.7)

2.3.3 Korrelierte Zufallsvariable

Obige Algorithmen liefern voneinander **unabhängige** normalverteilte Zufallsvariable. In manchen Anwendungen benötigt man **abhängige** Zufallsvariable.

Mehrdimensionale Normalverteilung (Bezeichnungen):

$$X = (X_1, ..., X_n), \quad \mu = \mathsf{E}X = (\mathsf{E}X_1, ..., \mathsf{E}X_n)$$

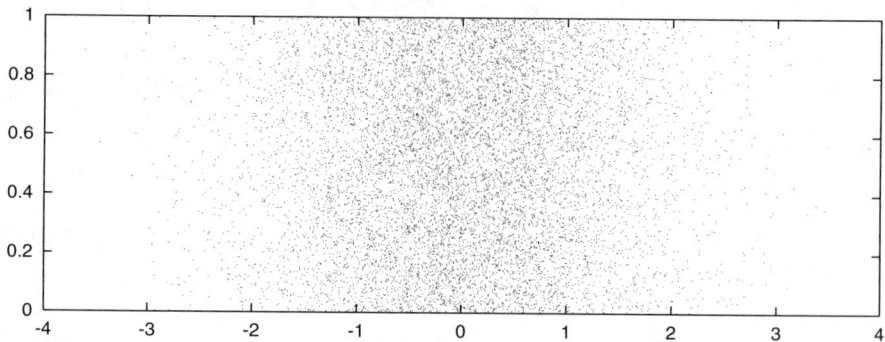

Fig. 2.5. 10000 Punkte $\sim \mathcal{N}(0,1)$ (senkrecht getrennt mit Abstand 10^{-4})

Kovarianz von X:

$$\Sigma_{ij} = (\mathsf{Cov} X)_{ij} := \mathsf{E}\left((X_i - \mu_i)(X_j - \mu_j)\right); \quad \sigma_i^2 = \Sigma_{ii}$$

Korrelation

$$\rho_{ij} := \frac{\Sigma_{ij}}{\sigma_i \sigma_j} \qquad (\Rightarrow \rho_{ii} = 1)$$

Die Dichtefunktion $f(x_1, ..., x_n)$ zu $\mathcal{N}(\mu, \Sigma)$ ist

$$f(x) = \frac{1}{(2\pi)^{n/2}} \frac{1}{(\det \Sigma)^{1/2}} \exp\left\{-\frac{1}{2}(x - \mu)^{tr} \Sigma^{-1}(x - \mu)\right\}.$$

Σ ist symmetrisch positiv definit, falls $\det \Sigma \neq 0$. Aus der Numerik wissen wir, dass es für solche Matrizen die Cholesky-Zerlegung $\Sigma = LL^{tr}$ gibt, wobei L eine untere Dreiecksmatrix ist ($\longrightarrow$ Anhang A4).

Transformation

Es sei $Z \sim \mathcal{N}(0, I)$ und $x = Az$, $A \in \mathbb{R}^{n \times n}$, wobei z eine Realisierung von Z und I die Einheitsmatrix ist. Aus der Nebenrechnung

$$\exp\left\{-\frac{1}{2}z^{tr} z\right\} = \exp\left\{-\frac{1}{2}(A^{-1}x)^{tr}(A^{-1}x)\right\} = \exp\left\{-\frac{1}{2}x^{tr} A^{-tr} A^{-1} x\right\}$$

folgt mit $dx = |\det A| dz$

$$\frac{1}{|\det A|} \exp\left\{-\frac{1}{2}x^{tr}(AA^{tr})^{-1}x\right\} dx = \exp\left\{-\frac{1}{2}z^{tr} z\right\} dz$$

für zunächst beliebige nichtsinguläre Matrizen A. Wenn A speziell die Matrix L der Cholesky-Zerlegung ist, gilt $\Sigma = AA^{tr}$ und $|\det A| = (\det \Sigma)^{1/2}$. Damit sind die Dichten zu x und zu z ineinander umgerechnet. Es folgt, dass auch AZ normalverteilt ist mit

$$AZ \sim \mathcal{N}(0, AA^{tr}).$$

Durch Translation folgt

$$\mu + AZ \sim \mathcal{N}(\mu, AA^{tr}).$$

Anwendung:
Annahme: Gesucht ist $X \sim \mathcal{N}(\mu, \Sigma)$ für einen vorgegebenen Vektor μ und eine vorgegebene Kovarianzmatrix Σ. Eine solche Zufallsvariable wird mit dem folgenden Algorithmus berechnet:

Algorithmus 2.14   (Korrelierte Zufallsvariable)

---

(1) Berechne die Cholesky-Zerlegung $\Sigma = AA^{tr}$

(2) Berechne $Z \sim \mathcal{N}(0, I)$ komponentenweise
   durch $Z_i \sim \mathcal{N}(0, 1)$, $i = 1, ..., n$,
   z.B. mit Marsaglias Polar-Algorithmus

(3) $\mu + AZ$ ist die gewünschte Verteilung $\sim \mathcal{N}(\mu, \Sigma)$

Spezialfall $n = 2$: Hier gilt

$$\Sigma = \begin{pmatrix} \sigma_1^2 & \rho\sigma_1\sigma_2 \\ \rho\sigma_1\sigma_2 & \sigma_2^2 \end{pmatrix}$$

($\longrightarrow$ Übung 2.8).

2.4 Zahlenfolgen mit niedriger Diskrepanz

Ein Problem bei Zufallszahlen kann es sein, dass sich die Zahlen ungleichmäßig verteilen. Ein Ziel ist es, Zahlen zu berechnen, die eine möglichst geringe „Diskrepanz" von einer angestrebten gleichmäßigen Verteilung haben. Ein weiteres Ziel ist es, möglichst gute Konvergenz bei wichtigen Anwendungen zu erreichen. Als Hintergrund sei die Monte-Carlo-Integration kurz skizziert.

2.4.1 Monte-Carlo-Integration

Es sei $Q \subset \mathbb{R}^m$ ein Gebiet, über welches das Integral

$$\int_Q f(x)dx$$

zu berechnen ist, zum Beispiel $Q = [0,1]^m$. Der Grundgedanke der Monte-Carlo-Integration ist es, N Vektoren $x_1, ..., x_N \in Q$ zu wählen und

$$\theta_N := \lambda_m(Q)\frac{1}{N}\sum_{i=1}^{N} f(x_i) \tag{2.9}$$

als Näherung für das Integral zu nehmen. Hierbei ist $\lambda_m(Q)$ das als endlich angenommene Volumen von Q (bzw. das m-dimensionale Lebesgue-Maß, vgl. [Ni92]). Die klassische oder *stochastische Monte-Carlo-Integration* verwendet für die $x_1, ..., x_N$ auf Q unabhängige und gleichverteilte Zufallsvektoren. Nach dem Gesetz der großen Zahlen ($\longrightarrow$ Anhang A2) folgt für $N \to \infty$ die Konvergenz von θ_N gegen $\lambda_m(Q)\mathsf{E}(f) = \int_Q f(x)\,dx$. Es folgt für die Varianz des Fehlers

$$\delta_N := \int_Q f(x)dx - \theta_N$$

die Beziehung

$$\mathsf{Var}(\delta_N) = \mathsf{E}(\delta_N^2) - (\mathsf{E}(\delta_N))^2 = \frac{\sigma^2(f)}{N}\lambda_m^2(Q), \tag{2.10}$$

mit der Varianz von f

$$\sigma^2(f) := \int_Q f(x)^2 dx - \left(\int_Q f(x)dx\right)^2.$$

Die Standardabweichung des Fehlers δ_N geht also gegen 0 wie $O(N^{-1/2})$. Problematisch bei dieser Fehlerordnung $O(N^{-1/2})$ ist die Langsamkeit der Konvergenz ($\longrightarrow$ Übung 2.9 und Spalte 2 der Tabelle 2.1). Um die Genauigkeit um den Faktor 10 zu verbessern, muß der Aufwand (d.h. N) um den Faktor 100 vergrößert werden. Ein anderer Nachteil ist das Fehlen einer garantierten Fehlerschranke; der probabilistische Fehler von (2.10) schließt das Risiko nicht aus, ein völlig falsches Ergebnis zu erhalten. Schließlich reagiert die Monte-Carlo-Integration empfindlich auf die Wahl der Startwerte des verwendeten Zufallszahlengenerators. Ein Vorteil der Fehlerordnung von Monte-Carlo-Integration ist die Unabhängigkeit von der Dimension m. Ein weiterer Vorteil ist, dass die Integranden f nicht glatt zu sein brauchen; Quadratintegrierbarkeit von f reicht aus ($f \in \mathcal{L}^2$, siehe Anhang A6).

Wir schließen den Exkurs in die stochastische Monte-Carlo-Integration mit der Variante für Fälle, in denen $\lambda_m(Q)$ schwer zu berechnen ist. Für $Q \subset [0,1]^m$ und $x_1, ..., x_N \in [0,1]^m$ verwende

$$\int_Q f(x)dx \approx \frac{1}{N}\sum_{\substack{i=1\\x_i \in Q}}^{N} f(x_i). \tag{2.11}$$

2.4.2 Diskrepanz

Die schlechte Konvergenz der stochastischen Monte-Carlo-Integration ist nicht unausweichlich. Zum Beispiel liefert für $m = 1$ und $Q = [0,1]$ ein gleichabständiges x-Gitter mit Gitterweite $1/N$ bereits eine Fehlerordnung von wenigstens $O(N^{-1})$. Das Problem mit dem Gitter ist es, dass man *vorher* nicht weiß, wie fein es sein sollte für die jeweils angestrebte Genauigkeit. Gesucht ist also eine Gitter-ähnliche gleichmäßige Verteilung der x_i, ohne dass N oder die schließliche Feinheit vorgegeben sein müssen. Hierzu ist es notwendig, ein Maß für die gleichmäßige Verteilung einer endlichen Menge von Punkten $x_1, ..., x_N$ zu definieren. Dieses Maß ist als *Diskrepanz* bekannt.

Es sei $Q \subset [0,1]^m$ ein beliebiges achsenparalleles m-dimensionales Rechteck im Einheitswürfel $[0,1]^m$ des $\mathbb{R}^m$, das heißt ein Produkt von m Intervallen. Weiter seien $x_1, ..., x_N \in [0,1]^m$. Hinter der Definition der Diskrepanz steckt die Idee, dass bei einer gleichmäßig verteilten Punktmenge der Anteil der Punkte, die in einem Quader Q liegen, dem Volumen des Quaders entsprechen sollte. Wenn $\#$ eine Abkürzung für die Anzahl von Punkten ist, so wird also angestrebt, dass

$$\frac{\# \text{ der } x_i \in Q}{\# \text{ aller Punkte}} \approx \frac{\text{vol } (Q)}{\text{vol } ([0,1]^m)}$$

für möglichst alle Quader gilt.

Definition 2.15   (Diskrepanz)

Die Diskrepanz der Menge $\{x_1, ..., x_N\}$ ist

$$D_N := \sup_Q \left| \frac{\# \text{ der } x_i \in Q}{N} - \text{vol } (Q) \right|.$$

Die Variante D_N^* (*star discrepancy*) erhält man, wenn die Menge der Rechtecke Q eingeschränkt wird auf diejenigen Q^*, bei denen ein Eckpunkt mit dem Nullpunkt übereinstimmt, die also durch den diagonal gegenüberliegenden Eckpunkt $y \in \mathbb{R}^m$ definiert sind:

$$Q^* = \prod_{i=1}^m [0, y_i)$$

Je gleichmäßiger die Verteilung der Punkte, desto näher liegt die Diskrepanz D_N bei 0. Das Kriterium

$$\lim_{N \to \infty} D_N = 0$$

wird als Definition für eine gleichmäßig verteilte Menge von Punkten in $[0,1]^m$ verwendet. Hierbei bezieht sich D_N auf die ersten N Punkte einer zugrundeliegenden Folge von Punkten x_i. Für die Diskrepanzen D_N und D_N^* gilt ($\longrightarrow$ Übung 2.10b)

$$D_N^* \leq D_N \leq 2^m D_N^*.$$

Die Diskrepanz ermöglicht es, eine Schranke für den Fehler δ_N der Monte-Carlo-Integration anzugeben,

$$|\delta_N| \leq v(f)D_N^*; \tag{2.12}$$

hierbei ist $v(f)$ die Variation der Funktion f mit $v(f) < \infty$ und $Q = [0,1]^m$ [TW92], [MC94]. Diese Schranke, bekannt als Satz von Koksma und Hlawka, unterstreicht die Wichtigkeit, Zahlen $x_1, ..., x_N$ zu finden, die kleine Werte der Diskrepanz D_N haben. Übrigens gilt für eine Menge von N *Zufalls*zahlen passend zum $O(N^{-1/2})$ Gesetz

$$\mathsf{E}(D_N) = O\left(\sqrt{\frac{\log\log N}{N}}\right).$$

Die Größenordnung dieser Zahlen zeigt die Tabelle 2.1 (3. Spalte).

Definition 2.16   (Punktfolge mit niedriger Diskrepanz)

Eine Punkt- bzw. Zahlenfolge $x_1, x_2, ..., x_N, ...$ heißt von niedriger Diskrepanz, wenn

$$D_N \leq C_m \frac{(\log N)^m}{N} \tag{2.13}$$

gilt.

Die Konstante C_m ist unabhängig von N. Deterministische Zahlenfolgen, die (2.13) erfüllen, heißen auch *Quasi-Zufallszahlen*, obwohl sie mit Zufall nichts zu tun haben. Die Tabelle 2.1 gibt Auskunft über die Größenordnungen der verschiedenen von N abhängigen Maße. Da $\log(N)$ nur bescheiden wächst, bedeutet eine niedrige Diskrepanz für nicht zu große m im wesentlichen die Größenordnung $D_N \approx O(N^{-1})$.

Tabelle 2.1 Vergleich verschiedener Nullfolgen

N	$\frac{1}{\sqrt{N}}$	$\sqrt{\frac{\log\log N}{N}}$	$\frac{\log N}{N}$	$\frac{(\log N)^2}{N}$	$\frac{(\log N)^3}{N}$
10^1	.31622777	.28879620	.23025851	.53018981	1.22080716
10^2	.10000000	.12357911	.04605170	.21207592	.97664572
10^3	.03162278	.04396186	.00690776	.04771708	.32961793
10^4	.01000000	.01490076	.00092103	.00848304	.07813166
10^5	.00316228	.00494315	.00011513	.00132547	.01526009
10^6	.00100000	.00162043	.00001382	.00019087	.00263694
10^7	.00031623	.00052725	.00000161	.00002598	.00041874
10^8	.00010000	.00017069	.00000018	.00000339	.00006251
10^9	.00003162	.00005506	.00000002	.00000043	.00000890

2.4.3 Beispiele von Folgen niedriger Diskrepanz

Im eindimensionalen Fall ($m = 1$) hat die Punktmenge

$$x_i = \frac{2i - 1}{2N}, \quad i = 1, ..., N \tag{2.14}$$

den Wert $D_N^* = \frac{1}{2N}$; dieser Wert lässt sich nicht verbessern ($\longrightarrow$ Übung 2.10c). Die monoton wachsende Zahlenfolge (2.14) ist allerdings nur zu gebrauchen, wenn ein sinnvolles N von vorneherein fest vorgegeben ist; für $N \to \infty$ müssten die x_i stets neu gesetzt werden. Viel interessanter ist es, die Punkte $x_1, x_2, ...$ „dynamisch" so zu setzen, dass sie mit wachsendem N nicht umgesetzt werden müssen und die Feinheit der Verteilung sukzessive besser wird, also etwa

$$\frac{1}{2}, \frac{1}{4}, \frac{3}{4}, \frac{1}{8}, \frac{5}{8}, \frac{3}{8}, \frac{7}{8}, \frac{1}{16}, \cdots$$

Diese spezielle Folge ist als Van der Corput Folge bekannt. Als Motivation für solch ein dynamisches Setzen der Punkte stelle man sich vor, dass man im Intervall $[0, 1]$ (bzw. im Würfel $[0, 1]^m$) etwas sucht. Die Suche soll schnell und sicher sein und wird abgebrochen, sobald sie fündig geworden ist. Dies definiert N dynamisch während der Anwendung.

Das Bildungsgesetz der Van der Corput Folge lässt sich algorithmisch fassen, wie wir zunächst an dem Beispiel $x_6 = \frac{3}{8}$ erläutern. Der Index $i = 6$ wird als Binärzahl dargestellt, also

$$6 = (110)_2 =: (d_2 \, d_1 \, d_0)_2 \quad \text{mit} \quad d_i \in \{0, 1\}.$$

Anschließend werden die Binärkoeffizienten in umgekehrter Reihenfolge *hinter* dem Binärpunkt angeordnet:

$$(. \, d_0 \, d_1 \, d_2)_2 = \frac{d_0}{2} + \frac{d_1}{2^2} + \frac{d_3}{2^3} = \frac{1}{2^2} + \frac{1}{2^3} = \frac{3}{8}$$

Führt man diese Vorschrift für alle Indices $i = 1, 2, 3, ...$ aus, erhält man die Van der Corput Folge $x_1, x_2, x_3, ...$ Diese Zahlen lassen sich mit der folgenden Funktion definieren:

Definition 2.17   (Radix-inverse Funktion)
Es sei für $i = 1, 2, ...$

$$i = \sum_{k=0}^{j} d_k b^k$$

die b-adische Darstellung von i, mit der Basis b (ganze Zahl ≥ 2) und den Ziffern $d_k \in \{0, 1, ..., b - 1\}$. Dann ist die Abbildung

$$\phi_b(i) := \sum_{k=0}^{j} d_k b^{-k-1}$$

die Radix-inverse Funktion.

Diese Funktion spiegelt gewissermaßen am Radixpunkt und ordnet jedem Index i eine rationale Zahl im Intervall $0 < x < 1$ zu. Jedes Mal, wenn sich die Anzahl j der Stellen der b-adischen Darstellung erhöht, wird die Feinheit der x_i um den Faktor b besser. Das heißt, der Algorithmus füllt alle Punkte auf einem feiner und feiner werdenden Gitter ($\longrightarrow$ Übung 2.11). Die Van der Corput Folge erhält man durch

$$x_i := \phi_2(i).$$

Die Radix-inverse Funktion erlaubt auch die Konstruktion von Punkten x_i im m-dimensionalen Einheitswürfel $[0,1]^m$.

Definition 2.18   (Halton-Folge)

Es seien $p_1, ..., p_m$ paarweise teilerfremde natürliche Zahlen. Dann heißen die Vektoren

$$x_i := (\phi_{p_1}(i), ..., \phi_{p_m}(i)), \quad i = 1, 2, ...$$

die Halton-Folge.

Üblicherweise werden als $p_1, ..., p_m$ die ersten m Primzahlen gewählt. Die Figur 2.6 zeigt für $m = 2$ und $p_1 = 2$, $p_2 = 3$ die ersten 10000 Punkte der Halton-Folge. Im Vergleich mit den Pseudo-Zufallszahlen von Figur 2.3 ist die Verteilung der deterministischen Halton-Punkte offensichtlich gleichmäßiger.

Weitere Folgen wurden von Sobol, Faure und Niederreiter entwickelt, vgl. z.B. [Ni92], [MC94], [PTVF92]. Alle diese Folgen sind von niedriger Diskrepanz, mit

$$D_N^* \le C_m \frac{(\log N)^m}{N} + O\left(\frac{(\log N)^{m-1}}{N}\right).$$

Die Folge von Faure hat die kleinste Konstante C_m. Die Tabelle 2.1 zeigt, wie schnell diese Terme gegen 0 gehen. Für große m werden die Werte erst für extrem große Werte von N klein. Man nimmt aber an, dass diese Schranken unrealistisch groß sind und den wirklichen Fehler stark überschätzen.

Die *deterministischen Monte-Carlo-Methoden* approximieren die Integrale mit dem arithmetischen Mittel θ_N von (2.9), verwenden für die x_i aber Zahlenfolgen niedriger Diskrepanz. Die praktischen Erfahrungen mit den Punktfolgen niedriger Diskrepanz sind noch besser, als es die bisher bekannten theoretischen Schranken vermuten lassen. Das gilt auch für die Schranke (2.12) nach Koksma und Hlawka; offenbar gilt für einen großen Teil von Funktionen f dass $|\delta_N| \ll v(f)D_N^*$, vgl. etwa [SM94].

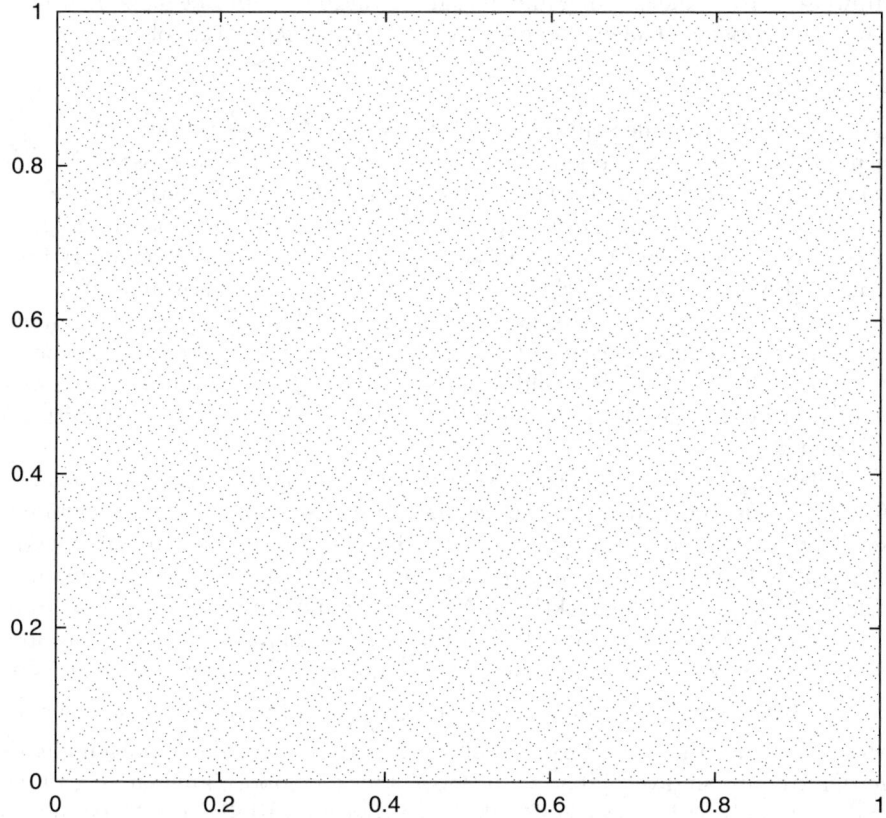

Fig. 2.6. 10000 Halton-Punkte

Anmerkungen

Zu Abschnitt 2.1:

Die lineare Kongruenz-Methode wird gelegentlich als Lehmer-Generator bezeichnet. Leicht zugängliche und populäre Zufallsgeneratoren sind RAN1 und RAN2 aus [PTVF92]. Nichtlineare Kongruenz–Methoden sind von der Form

$$X_i = f(X_{i-1}) \mod M.$$

Weitere Literatur zu (LKM) ist zum Beispiel [Ma68], [Ri87], [Ni92]. Hinweise zur algorithmischen Implementierung gibt [Ge98]. Wegen Fibonacci-Generatoren sei auf [Br94] verwiesen. Es gibt auch multiplikative Fibonacci-Generatoren von der Form

$$X_{i+1} := X_{i-\nu} X_{i-\mu} \mod M.$$

Hinweise zur Parallelisierung finden sich in [Mas 99]. Zum Beispiel erhält man parallele Fibonacci-Generatoren durch unterschiedliche Startfolgen.

zu Abschnitt 2.4:

Die angegebenen Fehlerschranken bei der Monte-Carlo-Integration beziehen sich auf beliebige Funktionen f; bei glatten Funktionen sind bessere Schranken zu erwarten. Umfangreiche Diskussionen finden sich in [Ni78], [Ni92].

Hier ist nur das Grundprinzip der Monte-Carlo-Integration geschildert. Bei der professionellen Anwendung wendet man *Varianzreduktion* an [HH64], [Ru81], [Fi96], [PTVF92], [Kw98], [La99]. Zum Beispiel kann man den Integrationsbereich Ω in Teilbereiche aufspalten (*stratified sampling*). Oder, wenn man zu einer Funktion g (*control variate*) mit $g \approx f$ das exakte Integral kennt, f durch $(f - g) + g$ ersetzen und Monte-Carlo auf $f - g$ anwenden. Eine weitere Alternative, die Methode der *antithetic variables*, wird in Abschnitt 3.5 skizziert.

Außer der Supremums-Diskrepanz von Definition 2.15 wird auch als $\mathcal{L}^2$-Analogie eine Integralversion verwendet. Hinweise auf Rechengeschwindigkeit und vorläufige Vergleiche gibt [MC94]. Zu Anwendungen auf hochdimensionale Integrale siehe auch [PT95]. Die Fehlerschranke von Koksma und Hlawka (2.12) ist für die praktische Anwendung nicht notwendigerweise empfehlenswert; dies wird in [SM94] diskutiert. Das Analogon der äquidistanten Punktmenge (2.14) hat im höherdimensionalen Fall keine günstigen Werte der Diskrepanz, hier gilt $D_N = O\left(\frac{1}{\sqrt[m]{N}}\right)$, also für $m > 2$ schlechter als Monte-Carlo, vergleiche [Ri87]. Computerprogramme für Zahlenfolgen niedriger Diskrepanz sind verfügbar: zum Beispiel für die Sobol-Zahlen in [PTVF92] und für Sobol- und Faure-Zahlen in dem Programm FINDER [PT95] und in [Te95]. Zum gegenwärtigen Zeitpunkt ist noch offen, welche Punktmenge im m-dimensionalen Würfel die kleinste Diskrepanz hat. Es gibt verallgemeinerte Niederreiter-Folgen, die Sobol- und Faure-Folgen als Spezialfall enthalten [Te95]. In mehreren Anwendungen scheint eine Überlegenheit von deterministischen Methoden über die stochastische Monte-Carlo-Methode offensichtlich zu sein [PT96].

Übungsaufgaben

Übung 2.1

Durch $X_i = 2X_{i-1} \mod 11$ ist ein Zufallszahlengenerator definiert. Für $(X_{i-1}, X_i) \in \{0, 1, ..., 10\}^2$ ist durch

$$z_0 X_{i-1} + z_1 X_i = 0 \mod 11$$

für Paare ganzzahliger (z_0, z_1) mit $z_0 + 2z_1 = 0 \mod 11$ jeweils eine Familie paralleler Geraden definiert, auf denen alle Punkte (X_{i-1}, X_i) liegen. Man verschaffe sich einen Überblick über die Geraden. Für welche Familie paralleler Geraden sind die Abstände am größten?

Übung 2.2   Unbefriedigender Zufallszahlengenerator

Der Zufallszahlengenerator

$$X_i = aX_{i-1} \mod M, \quad \text{mit } a = 2^{16} + 3, \ M = 2^{31}$$

war eine Zeit lang weit verbreitet. Man zeige für die Folge $U_i := X_i/M$

$$U_{i+2} - 6U_{i+1} + 9U_i \quad \text{ist ganzzahlig!}$$

Was folgt hieraus für die Lage der Zahlentripel (U_i, U_{i+1}, U_{i+2}) im Einheitswürfel?

Übung 2.3   Gitter der linearen Kongruenzmethode

a) Man zeige mit Induktion über j

$$X_{i+j} - X_j = a^j(X_i - X_0) \mod M$$

b) Man zeige

$$\begin{pmatrix} X_i \\ X_{i+1} \\ \vdots \\ X_{i+m-1} \end{pmatrix} - \begin{pmatrix} X_0 \\ X_1 \\ \vdots \\ X_{m-1} \end{pmatrix} = (X_i - X_0) \begin{pmatrix} 1 \\ a \\ \vdots \\ a^{m-1} \end{pmatrix} + M \begin{pmatrix} z_0 \\ z_1 \\ \vdots \\ z_{m-1} \end{pmatrix}$$

$$= \begin{pmatrix} 1 & 0 & \cdots & 0 \\ a & M & \cdots & 0 \\ \vdots & \vdots & \ddots & \vdots \\ a^{m-1} & 0 & \cdots & M \end{pmatrix} \begin{pmatrix} z_0 \\ z_1 \\ \vdots \\ z_{m-1} \end{pmatrix}$$

für ganzzahlige $z_0, z_1, ..., z_{m-1}$.

Übung 2.4   Näherungsweise normalverteilte Zufallszahlen

Es seien $U_1, U_2, ...$ unabhängige $[0, 1]$-gleichverteilte Zufallszahlen. Aus ihnen werden berechnet

$$X_k := \sum_{i=k}^{k+11} U_i - 6.$$

Man berechne Erwartungswert und Varianz der X_k.

Übung 2.5   Umkehrung zur Verteilungsfunktion

Es sei $F(x)$ die Verteilungsfunktion zur Standard-Normalverteilung. Zu konstruieren ist eine einfache Näherungsfunktion $G(u)$ für $F^{-1}(u)$ für $0.5 \le u < 1$. Hierzu gehe man wie folgt vor:

a) Konstruiere eine rationale Funktion $G(u)$ ($\longrightarrow$ Anhang A4) mit korrektem asymptotischen Verhalten, mit Punktsymmetrie zu $(u, x) = (0.5, 0)$, und mit nur einem Parameter.

b) Bestimme den Parameter durch Interpolation aus einem vorgegebenen Punkt $(x_1, F(x_1))$.

c) Was ist ein einfaches Kriterium für den Fehler dieser Näherung?

Übung 2.6   Gleichverteilung

Es seien U_1 und U_2 jeweils in $[-1, 1]$ gleichverteilte Zufallsvariable. Für U_1, U_2 mit $U_1^2 + U_2^2 < 1$ betrachte die Transformation

$$\begin{pmatrix} X_1 \\ X_2 \end{pmatrix} = \begin{pmatrix} U_1^2 + U_2^2 \\ \frac{1}{2\pi} \arctan(U_2/U_1) \end{pmatrix}.$$

Man zeige: X_1 und X_2 sind gleichverteilt.

Übung 2.7   Programmieraufgabe: Normalverteilte Zufallsvariable

a) Man schreibe ein Unterprogramm, das den *Fibonacci–Generator*

$$U_i := U_{i-17} - U_{i-5}$$
$$U_i := U_i + 1 \text{ falls } U_i < 0$$

in der Form von Algorithmus 2.7 implementiert.
Tests: Visuell mit 10000 Punkten im Einheitsquadrat.

b) Man schreibe ein Unterprogramm, das *Marsaglias Polar-Algorithmus* implementiert. Verwende Zahlen aus a) als gleichverteilte Zufallszahlen.

Tests:

1.) Für eine Stichprobe von 5000 Punkten berechne Schätzer für Mittelwert und Varianz.

2.) Für die diskrete SDE

$$\Delta x = 0.1\Delta t + Z\sqrt{\Delta t}, \quad Z \sim \mathcal{N}(0, 1)$$

berechne einige Trajektorien für $0 \le t \le 1$, $\Delta t = 0.01$, $x_0 = 0$.

Übung 2.8   Korrelierte Verteilungen

Gesucht ist eine zweidimensionale Verteilung (X_1, X_2), die normalverteilt sein soll mit Erwartungswert 0, und vorgegebenen Varianzen σ_1^2, σ_2^2 und vorgegebener Korrelation ρ. Wie berechnet sich X_1, X_2 aus unabhängigen $Z_1, Z_2 \sim \mathcal{N}(0, 1)$?

Übung 2.9   Monte-Carlo-Integration

Zur Berechnung des Integrals

$$\int_0^1 f(x)dx$$

berechne man eine Monte-Carlo-Näherung

$$\frac{1}{N}\sum_{i=1}^N f(x_i)$$

für $f(x) = 5x^4$ und z.B. $N = 100000$ Zufallszahlen $x_i \sim \mathcal{U}[0,1]$.
Der absolute Fehler verhält sich wie $KN^{-1/2}$. Durch Vergleich der Näherung
mit dem exakten Integral für verschiedene N und *seeds* schätze man die Größe
von K.

Übung 2.10   Schranken für Diskrepanzen

(Vergleiche Definition 2.15) Man zeige

a) $0 \le D_N \le 1$,
b) $D_N^* \le D_N \le 2^m D_N^*$ wenigstens für $m \le 2$,
c) $D_N^* \ge \frac{1}{2N}$ für $m = 1$.

Übung 2.11   Algorithmus zur Radix-inversen Funktion

Ausgehend von der Idee

$$i = \left(d_k b^{k-1} + ... + d_1\right) b + d_0$$

formuliere man einen Algorithmus, der durch Abdividieren von b die Ziffern
$d_0, d_1, ..., d_k$ ermittelt. Durch Umformulierung von $\phi_b(i)$ (vergleiche Definition 2.17) in die Form $\phi_b(i) = z/b^{j+1}$ soll das Ergebnis als rationale Zahl
angegeben werden. Der Zähler z soll in der gleichen Schleife berechnet werden, mit der die Ziffern $d_0, ..., d_k$ berechnet werden.

Kapitel 3 Integration von Stochastischen Differentialgleichungen

In diesem Kapitel werden Grundlagen der Integration stochastischer Differentialgleichungen diskutiert. X_t bezeichnet wieder einen stochastischen Prozess. Wenn X_t Lösung einer SDE ist, verwenden wir auch die Bezeichnung x:

$$dx = a(t,x)dt + b(t,x)dW_t \quad \text{für } 0 \leq t \leq T.$$

Die Lösung einer diskretisierten Version der SDE bezeichnen wir mit y_j. Also soll y_j eine Approximation für $x(t_j)$ sein. Aus Abschnitt 1.6 kennen wir die Euler-Diskretisierung aus Algorithmus 1.10

$$\begin{cases} y_{j+1} = y_j + a(t_j, y_j)\Delta t + b(t_j, y_j)\Delta W_j, \quad t_j = j\Delta t, \\ \Delta W_j = W_{t_{j+1}} - W_{t_j} = Z\sqrt{\Delta t} \quad \text{mit } Z \sim \mathcal{N}(0,1). \end{cases} \tag{3.1}$$

Hierbei ist Δt die Schrittlänge, die wir als äquidistant annehmen. Wie in der Numerik üblich, bezeichnen wir die Schrittlänge auch als h, also $h := \Delta t$. Für $\Delta t = h = T/m$ läuft der Index j in (3.1) von 0 bis $m - 1$. Der Anfangswert ist vorgegeben,

$$y_0 = x_0 = x(0).$$

Aus der Numerik deterministischer Differentialgleichungen ($b \equiv 0$) ist der Diskretisierungsfehler des Euler-Verfahrens bekannt: Er ist von der Ordnung $O(h)$, und es gilt

$$x(T) - y_m = O(h).$$

Der Algorithmus 1.10 (Gleichung (3.1)) ist ein *explizites* Verfahren, da es in jedem Schritt a und b an der zuletzt berechneten Näherung (t_j, y_j) auswertet. Die Auswertung von b an der Näherung (t_j, y_j) ist konsistent zum Itô-Integral und damit zum Itô-Prozess, vergleiche die Anmerkungen zu Kapitel 1.

Nachdem wir in Kapitel 2 gesehen haben, wie $Z \sim \mathcal{N}(0,1)$ berechnet werden kann, sind alle Elemente von Algorithmus 1.10 bekannt und wir wissen uns bei der numerischen Integration einer SDE zu helfen ($\longrightarrow$ Übung 3.1). In diesem Kapitel werden wir weitere Verfahren kennenlernen und unter anderem die Genauigkeit der numerischen Lösungen von SDEs diskutieren. Die Literatur zu diesem Kapitel ist im wesentlichen [KP92].

3.1 Genauigkeit

Um die Genauigkeit von numerischen Approximationen zu testen, studieren wir das Beispiel einer linearen SDE

$$dx = \alpha x \, dt + \beta x dW_t, \qquad \text{Anfangswert } x_0 \text{ für } t = 0,$$

für welches wir in Abschnitt 1.7 die theoretische Lösung

$$x = x_0 \exp\left(\left(\alpha - \tfrac{1}{2}\beta^2\right) t + \beta W_t\right) \tag{3.2}$$

hergeleitet haben. Für einen gegebenen Wiener-Prozess W_t erhalten wir als Lösung eine Trajektorie oder Pfad x (engl. *sample path*). Bei einer anderen Realisierung des Wiener-Prozesses gibt es i.a. eine „andere" Lösung x. Ist ein Wiener-Prozess W_t gegeben, spricht man von einer *starken Lösung* x der SDE. Die Lösung in (3.2) ist demnach eine starke Lösung. Ist man frei, einen Wiener-Prozess zu wählen, dann heißt x *schwache Lösung*.

Unter der Voraussetzung eines *identischen* Wiener-Prozesses für die SDE und für die numerische Approximationsformel können die Trajektorien x aus (3.2) und y aus (3.1) paarweise verglichen werden, z.B. für $t = T$: Der absolute Fehler bei einem vorgegebenen Wiener-Prozess ist $|x_T - y_T|$. Da die Näherung y_T von der gewählten Schrittlänge h abhängt, schreiben wir auch y_T^h. Den Fehler mitteln wir über „alle" Wiener-Prozesse:

Definition 3.1   (Absoluter Fehler)
Der absolute Fehler ist $\epsilon(h) := \mathsf{E}(|x_T - y_T^h|)$. Dabei bezeichnet y_T^h eine auch von h abhängige numerische Lösung (z.B. von (3.1)).

In der Praxis repräsentieren wir die Gesamtheit der Wiener-Prozesse durch eine Stichprobe von N Wiener-Prozessen.

Beispiel 3.2 $x_0 = 50$, $\alpha = 0.06$, $\beta = 0.3$, $T = 1$.
Die Aufgabe ist es, zunächst für ein h $N = 50$ Wiener-Prozesse und für jeden sowohl x_T und y_T, also $x_{T,k}$, $y_{T,k}$ für $k = 1, ..., N$, zu berechnen. Anschließend berechnen wir eine Schätzung $\hat{\epsilon}$ für den absoluten Fehler ϵ,

$$\hat{\epsilon}(h) := \frac{1}{N} \sum_{k=1}^{N} |x_{T,k} - y_{T,k}^h|$$

Um jeweils Paare von vergleichbaren Trajektorien zu erhalten, wurde auch die theoretische Lösung (3.2) mit dem gleichen numerisch ermittelten Wiener-Prozess von (3.1) gefüttert. Dieses Experiment wurde für 5 Werte von h durchgeführt. In dieser Weise wurden die Werte in Tabelle 3.1 (Serie 1) ermittelt. Eine solche Serie von Experimenten wurde dreimal durchgeführt mit verschiedenen *seeds*. Wie die Tabelle zeigt, wird $\hat{\epsilon}(h)$ mit fallendem h kleiner, aber langsamer, als wir es vom Euler-Verfahren bei deterministischen Differentialgleichungen gewöhnt sind. Anstatt die

Fehlerordnung mühsam mit einen *fit* aus der Tabelle zu berechnen, „versuchen" wir die Fehlerordnung $h^{1/2}$. Zu diesem Zweck dividieren wir jeden Eintrag $\hat{\epsilon}(h)$ der Tabelle durch den jeweiligen Wert von $h^{1/2}$. Diese Ordnung „passt", denn es ergeben sich Zahlen ≈ 2.8, und das in jeder Spalte. In diesem Beispiel gilt offenbar $\hat{\epsilon}(h) \approx 2.8 h^{1/2}$. Für ein anderes Beispiel würde sich eine andere Konstante ergeben.

Tabelle 3.1. Resultate von Beispiel 3.2

Tabelle der $\hat{\epsilon}(h)$	$h = 0.01$	$h = 0.005$	$h = 0.002$	$h = 0.001$	$h = 0.0005$
Serie 1 (mit seed_1)	0.2825	0.183	0.143	0.089	0.070
Serie 2 (mit seed_2)	0.2618	0.195	0.126	0.069	0.062
Serie 3 (mit seed_3)	0.2835	0.176	0.116	0.096	0.065

Diese für die Schätzungen $\hat{\epsilon}$ erhaltenen Resultate übertragen wir auf ϵ und folgern

$$\epsilon(h) \leq K h^{1/2} = O(h^{1/2}).$$

Die Konvergenzordnung ist schlechter als die Ordnung $O(h)$, die wir von deterministischen Differentialgleichungen ($b \equiv 0$) kennen.

Definition 3.3 y_T^h **konvergiert stark mit Ordnung** $\gamma > 0$,
wenn $\epsilon(h) = \mathsf{E}(|x_T - y_T^h|) = O(h^\gamma)$.
y_T^h konvergiert stark, wenn

$$\lim_{h \to 0} \mathsf{E}(|x_T - y_T^h|) = 0.$$

Das Euler-Verfahren bei SDEs konvergiert demnach stark mit Ordnung $1/2$.

Stark konvergente Verfahren sind angemessen, wenn die Trajektorie selbst von Interesse ist. Dies war der Fall für die Figuren 1.12 und 1.13. Solche „punktweisen" Näherungen sind häufig nicht das Ziel, sondern nur Zwischenergebnis auf einem Weg, der zur Berechnung von **Momenten** führen soll. So ist man beispielsweise in vielen Finanz-Anwendungen an einer Näherung zu $\mathsf{E}(x_T)$ interessiert. Für eine Approximation dieses Erwartungswertes würde von allen y_i nur das „letzte", also y_T benötigt. Das Gleiche gilt für die Berechnung von $\mathsf{Var}(x_T)$. In solchen Fällen ist uns nicht primär an einem kleinen absoluten Fehler und der starken Konvergenz gelegen, also nicht an $y_T \approx x_T$, und noch weniger an $y_t \approx x_t$ für $t < T$. Stattdessen genügt die schwächere Forderung, Momente oder anderen Funktionale von x_T gut zu berechnen. Das Ziel wäre zum Beispiel $\mathsf{E}(y_T) \approx \mathsf{E}(x_T)$, oder $\mathsf{E}(|y_T|^q) \approx \mathsf{E}(|x_T|^q)$, oder allgemeiner $\mathsf{E}(g(y_T)) \approx \mathsf{E}(g(x_T))$ für eine geeignete Funktion g.

Definition 3.4 y_T^h **konvergiert schwach bezüglich** g **mit Ordnung** $\beta > 0$, wenn $|\mathsf{E}(g(x_T)) - \mathsf{E}(g(y_T^h))| = O(h^\beta)$.

Das Euler–Schema ist $O(h^1)$-schwach-konvergent bezüglich aller Polynome g; dies impliziert schwache Konvergenz bezüglich aller Momente. Für die Berechnung von schwach konvergenten Verfahren können die Inkremente ΔW_j der Näherung durch andere Zufallsvariable ersetzt werden, die gleiche Erwartungswerte und Varianzen haben, aber einfacher auszuwerten sind. In dieser Weise können Kosten eingespart werden.

3.2 Stochastische Taylorentwicklungen

Für die Herleitung von Algorithmen zur Integration von SDEs werden stochastische Taylorentwicklungen verwendet. Um die Technik stochastischer Taylorentwicklungen leichter verstehen zu können, erläutern wir die Taylorformel zunächst anhand des skalaren *autonomen* deterministischen Falls: $\frac{d}{dt}X_t = a(X_t)$. (Man spricht von autonomen Differentialgleichungen, wenn sie nicht explizit von der unabhängigen Variablen abhängen, hier $a(X_t)$ statt $a(t, X_t)$.) Die Kettenregel für beliebiges $f \in \mathcal{C}^1(\mathbb{R})$ ist:

$$\frac{d}{dt}f(X_t) = a(X_t)\frac{\partial}{\partial x}f(X_t) =: Lf(X_t),$$

in Integralform

$$f(X_t) = f(X_{t_0}) + \int_{t_0}^t Lf(X_s)ds. \tag{3.3}$$

Diese Version wird für den Integranden $\tilde{f}(X_s) := Lf(X_s)$ erneut eingesetzt:

$$\begin{aligned}
f(X_t) =& f(X_{t_0}) + \int_{t_0}^t \left\{ \tilde{f}(X_{t_0}) + \int_{t_0}^s L\tilde{f}(X_z)dz \right\} ds \\
=& f(X_{t_0}) + \tilde{f}(X_{t_0})\int_{t_0}^t ds + \int_{t_0}^t \int_{t_0}^s L\tilde{f}(X_z)dzds \\
=& f(X_{t_0}) + Lf(X_{t_0})(t - t_0) + \int_{t_0}^t \int_{t_0}^s L^2 f(X_z)dzds
\end{aligned}$$

Anwendung von (3.3) für $L^2 f(X_z)$ erlaubt es, als nächstes vom Restintegral den Term

$$L^2 f(X_{t_0}) \int_{t_0}^t \int_{t_0}^s dzds = L^2 f(X_{t_0})\frac{1}{2}(t - t_0)^2$$

abzuspalten. Entsprechend fortgesetzt erhält man die Taylorformel mit Restglied in Integralform.

Wir wenden uns nun der *Itô-Taylor-Entwicklung* für die autonome skalare SDE $dX_t = a(X_t)dt + b(X_t)dW_t$ zu. Das Itô–Lemma für $g(x, t) := f(x)$ ist

$$df(X) = \Big\{ a\frac{\partial}{\partial x}f(X) + \frac{1}{2}b^2\frac{\partial^2}{\partial x^2}f(X) \Big\}dt + \underbrace{b\frac{\partial}{\partial x}f(X)}_{=:L^1f(X)}\,dW,$$

$$\underbrace{\phantom{a\frac{\partial}{\partial x}f(X) + \frac{1}{2}b^2\frac{\partial^2}{\partial x^2}f(X)}}_{=:L^0f(X)}$$

in Integralform

$$f(X_t) = f(X_{t_0}) + \int_{t_0}^t L^0 f(X_s)ds + \int_{t_0}^t L^1 f(X_s)dW_s. \tag{3.4}$$

Speziell für $f(x) \equiv x$ ist die Ausgangs-SDE

$$X_t = X_{t_0} + \int_{t_0}^t a(X_s)ds + \int_{t_0}^t b(X_s)dW_s \tag{3.5}$$

in (3.4) enthalten. Als erste Anwendungen setzen wir in Gleichung (3.4) $f = a$ und $f = b$ ein. Die dabei entstehenden Versionen aus (3.4) werden in (3.5) eingesetzt. Das Ergebnis ist

$$X_t = X_{t_0} + \int_{t_0}^t \Big\{ a(X_{t_0}) + \int_{t_0}^s L^0 a(X_z)dz + \int_{t_0}^s L^1 a(X_z)dW_z \Big\} ds$$

$$+ \int_{t_0}^t \Big\{ b(X_{t_0}) + \int_{t_0}^s L^0 b(X_z)dz + \int_{t_0}^s L^1 b(X_z)dW_z \Big\} dW_s$$

mit

$$\begin{array}{ll} L^0 a = aa' + \dfrac{1}{2}b^2 a'' & L^0 b = ab' + \dfrac{1}{2}b^2 b'' \\[2mm] L^1 a = ba' & L^1 b = bb'. \end{array} \tag{3.6}$$

Fasst man die vier Doppelintegrale als ein Restglied R zusammen, so ergibt sich

$$X_t = X_{t_0} + a(X_{t_0})\int_{t_0}^t ds + b(X_{t_0})\int_{t_0}^t dW_s + R \tag{3.7a}$$

mit

$$R = \int_{t_0}^t \int_{t_0}^s L^0 a(X_z)dzds + \int_{t_0}^t \int_{t_0}^s L^1 a(X_z)dW_z ds$$

$$+ \int_{t_0}^t \int_{t_0}^s L^0 b(X_z)dzdW_s + \int_{t_0}^t \int_{t_0}^s L^1 b(X_z)dW_z dW_s. \tag{3.7b}$$

Ein analoges Vorgehen ermöglicht es, weitere Integranden in dem bisherigen Restglied R durch Dreifach-Integrale auszudrücken, u.s.w. Dies sei illustriert am Beispiel $f = L^1 b$. Aus (3.4) folgt über den integralfreien Term, dass ein weiteres „Grundintegral" mit konstanten Integranden aus R herausgelöst werden kann:

$$R = L^1 b(X_{t_0})\int_{t_0}^t \int_{t_0}^s dW_z dW_s + \tilde{R}$$

Dies führt unter Verwendung von (3.6) auf

$$X_t = X_{t_0} + a(X_{t_0}) \int_{t_0}^{t} ds + b(X_{t_0}) \int_{t_0}^{t} dW_s + b(X_{t_0}) b'(X_{t_0}) \int_{t_0}^{t} \int_{t_0}^{s} dW_z dW_s + \tilde{R}.$$
(3.8)

Eine allgemeine Darstellung solcher Itô-Taylor Entwicklungen mit einem geeigneten Formalismus findet sich in [KP92].

Um aus Entwicklungen wie der in Gleichung (3.8) numerische Algorithmen herzuleiten, benötigen wir zum Beispiel eine Lösung für das Doppelintegral. Für $X_t = W_t$ folgt aus dem Itô-Lemma mit $a = 0$, $b = 1$ und $y = g(x) = x^2$ die Gleichung $d(W_t^2) = dt + 2 W_t dW_t$ und hieraus speziell für $t_0 = 0$

$$\int_0^t \int_0^s dW_z dW_s = \int_0^t W_s dW_s = \tfrac{1}{2} W_t^2 - \tfrac{1}{2} t.$$
(3.9)

Eine andere Herleitung von (3.9) verwendet

$$\sum_{j=1}^{n} W_{t_j} [W_{t_{j+1}} - W_{t_j}] = \tfrac{1}{2} W_t^2 - \tfrac{1}{2} \sum_{j=1}^{n} [W_{t_{j+1}} - W_{t_j}]^2$$

für $t = t_{n+1}$ und $t_1 = 0$ und führt auf beiden Seiten den Grenzübergang *im quadratischen Mittel* aus [Ar73], [KP92], [Øk98]. ($\longrightarrow$ Übung 3.2). Die zu (3.8) passende allgemeine Version von (3.9) ist

$$\int_{t_0}^{t} W_s dW_s = \tfrac{1}{2} (W_t - W_{t_0})^2 - \tfrac{1}{2} (t - t_0),$$

also

$$\int_{t_0}^{t} \int_{t_0}^{s} dW_z \, dW_s = \tfrac{1}{2} (\Delta W_t)^2 - \tfrac{1}{2} \Delta t.$$
(3.10)

3.3 Beispiele Numerischer Methoden

Durch Anwendung der stochastischen Taylorentwicklung erhält man mit Hinzunahme von weiteren Termen numerische Näherungen höherer Ordnungen. Die einfachste Version ergibt sich durch Auswertung der Integrale in (3.7a), wenn ersetzt wird

$$t_0 \to t_j, \quad t \to t_{j+1} = t_j + \Delta t.$$

Dies ergibt

$$X_{t_{j+1}} = X_{t_j} + a\left(X_{t_j}\right) \Delta t + b\left(X_{t_j}\right) \Delta W_j + R,$$

woraus nach Vernachlässigung des Restglieds R das Euler-Schema von (3.1) resultiert, hier für autonome SDEs.

Für die nächsthöhere Ordnung wird das Doppelintegral in (3.8) hinzugenommen, das in (3.10) berechnet wurde. Dies führt auf den Algorithmus von Milshtein (1974).

Algorithmus 3.5   (Integration nach Milshtein)

$Start:$ $t_0 = 0,\ y_0 = x_0,\ W_0 = 0,\ \Delta t = T/m$

$Schleife$ $j = 0, 1, 2, ..., m - 1:$

$\qquad t_{j+1} = t_j + \Delta t$

$\qquad$ Berechne die Werte a, b, b' für (t_j, y_j)

$\qquad \Delta W = Z\sqrt{\Delta t}$ mit $Z \sim \mathcal{N}(0, 1)$

$\qquad y_{j+1} = y_j + a\Delta t + b\Delta W + \dfrac{1}{2}bb' \cdot ((\Delta W)^2 - \Delta t)$

Dieses Integrationsverfahren nach Milshtein ist stark konvergent mit Ordnung 1. Der Nachweis dieser Ordnung baut auf den stochastischen Taylorentwicklungen auf. Wegen des vertieften Kalküls mit stochastischen Integralen sei auf [KP92], Kapitel 5 und Kapitel 10, verwiesen.

Runge-Kutta-Verfahren

Ein Nachteil der Taylor–Methoden ist der Gebrauch der Ableitungen a', b', ... Analog wie bei deterministischen Differentialgleichungen bieten sich als Alternative Runge–Kutta–artige Methoden, bei denen nur a oder b für geeignete Argumente ausgewertet werden.

Als Beispiel wird der Term bb' vom Algorithmus 3.5 diskutiert. Es gilt

$$b(y + \Delta y) - b(y) = b'(y)\Delta y + O(|\Delta y|^2).$$

Wegen $\Delta y = a\Delta t + b\Delta W$ und $\mathsf{E}((\Delta W)^2) = \Delta t$ (wegen (1.13)) folgt

$$b(y + \Delta y) - b(y) = b'(y)(a\Delta t + b\Delta W) + O(\Delta t)$$
$$= b'(y)b(y)\Delta W + O(\Delta t).$$

Ersetzt man für eine Näherung $(\Delta W)^2$ durch den Mittelwert Δt, also $\Delta W = \sqrt{\Delta t}$, so erhält man eine Näherung für das Produkt bb', nämlich

$$\frac{1}{\sqrt{\Delta t}} \left(b(y_j + a(y_j)\Delta t + b(y_j)\sqrt{\Delta t}) - b(y_j) \right),$$

die wir in das Milshtein-Schema von Algorithmus 3.5 einsetzen. Die resultierende Runge-Kutta-Variante konvergiert ebenfalls stark mit Ordnung 1:

$$\begin{aligned} \hat{y} :=& y_j + a\Delta t + b\sqrt{\Delta t} \\ y_{j+1} =& y_j + a\Delta t + b\Delta W + \frac{1}{2\sqrt{\Delta t}}(\Delta W^2 - \Delta t)[b(\hat{y}) - b(y_j)] \end{aligned} \qquad (3.11)$$

Versionen dieser Schemata für nicht-autonome SDEs lauten analog.

Taylor-Schema mit schwacher $O(h^2)$ Konvergenz.

Spaltet man im Restglied (3.7b) von allen vier Doppelintegralen unter Verwendung von (3.4) mit $f = L^0 a$, $f = L^1 a$, $f = L^0 b$, $f = L^1 b$ jeweils die „Grundintegrale" ab, so besteht der verbleibende Rest $\tilde{R}$ nur noch aus Dreifachintegralen. Für $f = L^1 b$ wurde die Analyse am Ende von Abschnitt 3.2 durchgeführt. Mit (3.6) und (3.10) ergab sich der Term

$$bb' \frac{1}{2} \left((\Delta W)^2 - \Delta t \right),$$

der im Milshtein-Schema für die starke Konvergenzordnung 1 sorgt. Für $f = L^0 a$ ist das Integral nicht stochastisch und der Term

$$\left(aa' + \frac{1}{2} b^2 a'' \right) \frac{1}{2} \Delta t^2$$

eine unmittelbare Konsequenz. Für $f = L^1 a$ und $f = L^0 b$ sind die Integrale wiederum stochastisch. Es sind dies die Integrale

$$I_{(1,0)} := \int_{t_0}^t \int_{t_0}^s dW_z ds,$$

$$I_{(0,1)} := \int_{t_0}^t \int_{t_0}^s dz dW_s.$$

Alle Terme zusammengefasst, lautet das vorläufige numerische Schema

$$\begin{aligned}
y_{j+1} = y_j &+ a\Delta t + b\Delta W + \frac{1}{2} bb' \left((\Delta W)^2 - \Delta t \right) \\
&+ ba' I_{(1,0)} + \frac{1}{2} \left(aa' + \frac{1}{2} b^2 a'' \right) \Delta t^2 \\
&+ \left(ab' + \frac{1}{2} b^2 b'' \right) I_{(0,1)}.
\end{aligned} \qquad (3.12)$$

Es bleibt die Approximation der beiden stochastischen Integrale $I_{(0,1)}$ und $I_{(1,0)}$. Diese Integrale sind nicht unabhängig voneinander. Wenn man $\Delta Y := I_{(1,0)}$ setzt, dann kann mit Hilfe des Itô-Lemmas gezeigt werden, dass $I_{(0,1)} = \Delta W \Delta t - \Delta Y$ gilt. Damit sind die stochastischen Doppelintegrale $I_{(0,1)}$ und $I_{(1,0)}$ auf nur eine Zufallsvariable ΔY zurückgeführt. Für die normalverteilte Zufallsvariable ΔY gilt für Erwartungswert, Varianz und Kovarianz

$$\mathsf{E}(\Delta Y) = 0, \ \ \mathsf{E}(\Delta Y^2) = \frac{1}{3} (\Delta t)^3, \ \ \mathsf{E}(\Delta Y \Delta W) = \frac{1}{2} (\Delta t)^2$$

([KP92], Exercise 5.2.7). Eine solche Zufallsvariable kann durch zwei unabhängige normalverteilte Z_1 und Z_2 realisiert werden,

$$\Delta Y = \frac{1}{2} (\Delta t)^{3/2} \left(Z_1 + \frac{1}{\sqrt{3}} Z_2 \right)$$

$$\text{mit } Z_i \sim \mathcal{N}(0,1), \quad i = 1, 2$$

($\longrightarrow$ Übung 3.3). Diese Approximation von $I_{(0,1)}$ und $I_{(1,0)}$ über die Realisierung von ΔY wird in (3.12) eingesetzt.

Wie in Abschnitt 3.1 ausgeführt, hat man zur Erfüllung schwacher Konvergenz eine gewisse Freiheit bei der Wahl von stochastischen Inkrementen wie ΔW und ΔY. Zum Beispiel kann ΔW_j ersetzt werden durch die einfache Näherung $\Delta \hat{W}_j = \pm\sqrt{\Delta t}$, wo beide Vorzeichen die Wahrscheinlichkeit $1/2$ haben [KP92, Kap 14]. Erwartungswert und Varianz von $\Delta \hat{W}$ und ΔW stimmen überein: $\mathsf{E}(\Delta \hat{W}) = 0$, $\mathsf{E}(\Delta \hat{W}^2) = \Delta t$. Ersetzt man in (3.12) auch noch ΔY durch $\frac{1}{2}\Delta \hat{W} \Delta t$, so wird aus (3.12) die Variante

$$
\begin{aligned}
y_{j+1} = {} & y_j + a\Delta t + b\Delta \hat{W} + \frac{1}{2}bb'\left((\Delta \hat{W})^2 - \Delta t\right) \\
& + \frac{1}{2}\left(a'b + ab' + \frac{1}{2}b''b^2\right)\Delta \hat{W}\Delta t + \frac{1}{2}\left(aa' + \frac{1}{2}a''b^2\right)\Delta t^2.
\end{aligned}
\tag{3.13}
$$

Das Verfahren von Gleichung (3.12) bzw. (3.13) ist mit Ordnung 2 schwach konvergent.

Höherdimensionale Fälle

Im höherdimensionalen Fall treten gemischte Terme auf. Wir können zwei Arten von „höherdimensional" unterscheiden:

1.) $y \in \mathbb{R}^n$, a, $b \in \mathbb{R}^n$. Dann ersetze beispielsweise bb' durch $\frac{\partial b}{\partial y}b$, wo $\frac{\partial b}{\partial y}$ die Jacobi-Matrix aller partieller Ableitungen 1. Ordnung ist.
2.) Bei mehreren Wiener-Prozessen sind die Verhältnisse komplizierter, weil es dann so einfache explizite Integrale wie in (3.9) nicht mehr gibt. Nur das Euler–Schema bleibt einfach: Bei m Wiener-Prozessen lautet es

$$
y_{j+1} = y_j + a\Delta t + b^{(1)}\Delta W^1 + ... + b^{(m)}\Delta W^m.
$$

Steifheit

Steifheit gibt es auch bei SDEs. Dann werden *semi*-implizite Verfahren verwendet. Die Implizitheit darf nur im Drift–Term und nicht im Diffusions–Term stecken, damit die Itôsche Wahl der Zwischenpunkte gewahrt ist. Das Euler–Schema modifiziert sich dabei zu

$$
y_{j+1} = y_j + [\alpha a(t_{j+1}, y_{j+1}) + (1 - \alpha)a(t_j, y_j)]\Delta t + b(t_j, y_j)\Delta W_j
\tag{3.14}
$$

mit z.B. $\alpha = \frac{1}{2}$.

3.4 Zwischenwerte

Die Integrationsverfahren berechnen Näherungen y_j lediglich an den Gitterpunkten t_j. Es stellt sich die Frage, wie man Zwischenwerte erhält, also Näherungen $y(t)$ für $t \neq t_j$. Für die üblichen deterministischen Differentialgleichungen ist die Situation wegen den im allgemeinen glatten Lösungen einfach: Man legt eine Interpolationskurve durch die berechneten Punkte y_j.

Eine glatte Interpolation ist der stochastischen Natur der Lösungen von SDEs nicht angemessen. Ist Δt klein, dann ist zum Beispiel eine lineare Interpolation einfach durchführbar. Ein solcher interpolierender stetiger Streckenzug wurde für die Figuren 1.12 und 1.13 verwendet. Leicht zu realisieren ist auch eine stückweise konstante Treppenfunktion mit Stufenbreite Δt.

Anders ist die Situation, wenn die Lücke zwischen zwei berechneten y_j „groß" ist. Hier kann die *Brownsche Brücke* helfen [KS91], [KP92], [Øk98], [Mo98]. Hierzu sei angenommen, dass y_0 (für $t = 0$) mit y_T (für $t = T$) zu verbinden sind. Die Brownsche Brücke ist definiert durch

$$B(t) = y_0 \left(1 - \frac{t}{T} \right) + y_T \frac{t}{T} + \left\{ W_t - \frac{t}{T} W_T \right\}.$$

Die ersten beiden Terme stellen die Geradenverbindung zwischen y_0 und y_T dar, also den „Trend". Der Term $W_t - \frac{t}{T} W_T$ beschreibt die stochastische Oszillation. Zu ihrer Realisierung kann eine passende Volatilität vorgegeben werden ($\longrightarrow$ Übung 3.4).

Auch Interpolationsmethoden können bei großen Lücken helfen, wenn man fraktale Interpolation anwendet [Man99].

3.5 Monte-Carlo-Simulation

Von Abschnitt 1.6 nehmen wir das Modell einer geometrischen Brownschen Bewegung von Aktienkursen S,

$$\frac{dS}{S} = \mu \, dt + \sigma \, dW.$$

Hierbei ist μ die erwartete Wachstumsrate. In der Annahme einer risikoneutralen Welt wird zur Bewertung von Optionen $\mu = r$ gesetzt (vergleiche die Bemerkung 1.13). Die Grundidee der Monte-Carlo-Simulation ist es, einen Erwartungswert für die Option zur Fälligkeit T zu berechnen und diesen zu diskontieren. Als Formel zusammengefasst lautet dieser Ansatz

$$V(S_0, 0) = \tilde{\mathsf{E}}(e^{-rT} V(S_T, T)), \tag{3.15}$$

wobei e^{-rT} die Abzinsung / Diskontierung auf $t = 0$ beschreibt. Den risikoneutralen Erwartungswert $\tilde{\mathsf{E}}$ erhält man durch Simulation von N Aktienkurspfaden, die jeweils mit $S(0) = S_0$ starten:

Algorithmus 3.6   (Monte-Carlo-Simulation von Optionen)

---

(1) Für $k = 1, ..., N$ und jeweils neuen *seed* integriere

die SDE des jeweiligen Modells, hier

$$dS = rS\ dt + \sigma S\ dW$$

für $S(0) = S_0$ und $0 \le t \le T$; das Ergebnis sei $(S_T)_k$.

(2) Durch Auswerten der Auszahlungsfunktion (1.1C)

bzw. (1.1P) erhalte den jeweiligen Wert

$$(V(S_T, T))_k := V((S_T)_k, T), \quad k = 1, ..., N.$$

(3) Ein Schätzer für den risikoneutralen Erwartungswert ist

$$\hat{\mathsf{E}}(V(S_T, T)) := \frac{1}{N} \sum_{k=1}^{N} (V(S_T, T))_k.$$

(4) Die diskontierte Variable

$$\hat{V} := e^{-rT} \hat{\mathsf{E}}(V(S_T, T))$$

ist Zufallsvariable mit $\mathsf{E}(\hat{V}) = V(S_0, 0)$.

Für das Ergebnis gilt $\hat{V} \approx V(S_0, 0)$. Die Methode ist in dieser einfachen Form nur für Europäische Optionen anwendbar. In der Praxis muss N groß sein, zum Beispiel $N = 10000$ oder größer. Die Monte-Carlo-Simulation ist also teuer. Für „normale" Europäische Optionen, welche die Annahmen 1.2 erfüllen, hat man als Alternative die Möglichkeit, die Black-Scholes-Gleichung zu lösen; die Monte-Carlo-Simulation in ihrer einfachsten Version ist dann nicht konkurrenzfähig. Grundsätzlich liefern beide Zugänge das gleiche Resultat, abgesehen von unterschiedlicher Genauigkeit. Die Äquivalenz der Monte-Carlo-Simulation mit der Lösung der Black-Scholes-Gleichung wird durch den Satz von Feynman und Kac gesichert [Ne96], [Re96], [Øk98], [KS91].

Der Zugang der Monte-Carlo-Simulation hat eine große Bedeutung bei allgemeinen Modellen, bei denen nicht alle vereinfachenden Annahmen der Black-Scholes-Analyse erfüllt sind. Wenn zum Beispiel der Zinssatz r nicht als konstant angenommen wird, sondern seinerseits einer SDE genügt, muss ein System von SDEs integriert werden. Ein Beispiel für eine stochastische Volatilität bietet das Beispiel 1.14. In solchen Fällen hilft die Black-Scholes-Gleichung nicht weiter und der Monte-Carlo-Ansatz ist die Methode der Wahl. Der obige Algorithmus 3.6 ist dann entsprechend anzupassen; zu diskontieren wäre dann etwa mit dem mittleren Zinssatz $\bar{r}$, der sich erst durch die Simulation berechnen lässt. Eine wichtige Anwendung von Monte-Carlo-Methoden ist die Berechnung von Risikokennzahlen wie *Value at Risk*, vergleiche die Anmerkungen zu Abschnitt 1.6.

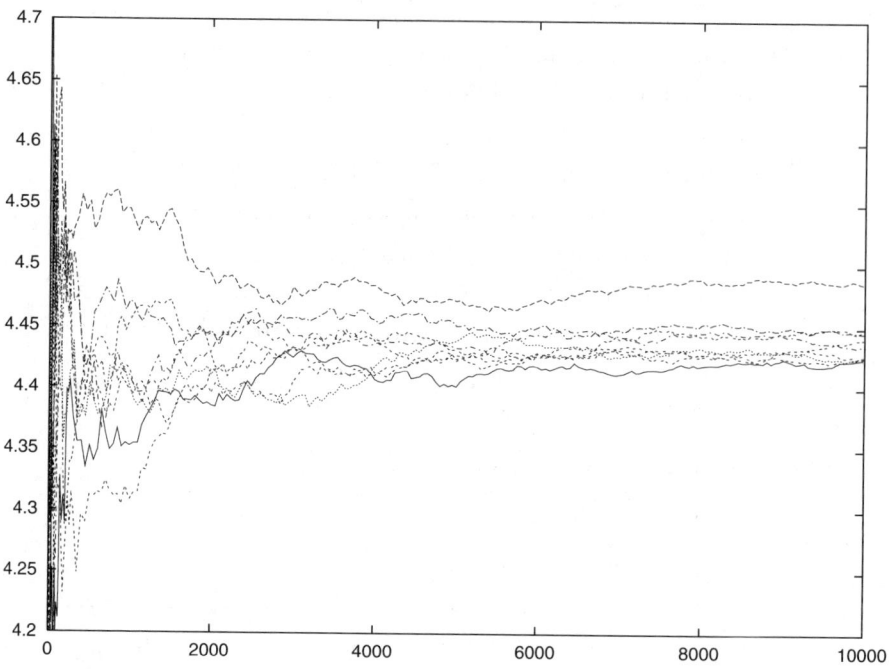

Fig. 3.1. 10 Monte-Carlo-Simulationen zu Beispiel 3.7

Beispiel 3.7   (Europäischer Put)

$S_0 = 5$, $E = 10$, $r = 0.06$, $\sigma = 0.3$, $T = 1$. Für die lineare SDE mit konstanten Koeffizienten $dS = rS dt + \sigma S dW$ ist eine theoretische Lösung bekannt, vergleiche (1.21). Bei den gewählten Zahlenwerten ist

$$S(1) = 5 \exp(0.015 + 0.3 W_1).$$

Wenn ein Wert W_1 des Wiener-Prozesses über eine Zeitdiskretisierung berechnet wird, ist die Ersparnis durch die theoretische Formel gering. Da der Algorithmus 3.6 auch allgemeinere (nichtlineare) SDEs simuliert, soll hier für den Test kein Vorteil aus der theoretischen Lösungsformel gezogen werden, die für die lineare SDE gültig ist. Wir integrieren deswegen als Demonstration des allgemeinen Vorgehens die SDE numerisch mit einer Schrittweite $\Delta t < T$, ohne die theoretische Formel für $S(1)$ zu verwenden. Wegen des kleinen Wertes von r ist der Diskretisierungsfehler des Driftterms gering im Vergleich zur Streuung von W_1. Als Folge ist die Genauigkeit für kleine Δt nicht merklich besser als bei eher groben Werten von Δt. Wir wählen willkürlich $\Delta t = 0.02$ für die Zeitschrittweite, müssen also für jede Integration 50 Zahlen $\sim \mathcal{N}(0,1)$ berechnen. Die Figur 3.1 zeigt für $N = 10000$ die Ergebnisse $\tilde{V} \approx V(S_0, 0)$ für 10 Simulationen. Die Simulationen unterscheiden sich durch 10 verschiedene *seeds* für die Berechnung der Zufallsvariablen nach Abschnitt 2.3. Da dem Beispiel 1.5 die gleichen Zahlenwerte zugrundelagen, können wir die Ergebnisse mit den genaueren Werten aus Tabelle 1.2 vergleichen. Dort hatte sich $V(5, 0) \approx 4.43$ ergeben. Offensichtlich erreichen die Simulationen von Figur 3.1 diesen Wert mit bescheidener Genauigkeit. Da die Figur 3.1 auch Zwischenergebnisse für $N < 10000$ zeigt, können wir das Konvergenzverhalten der Monte-Carlo-Simulation bei diesem Beispiel beobachten. Für $N < 2000$ ist die Genauigkeit noch schlecht, erreicht bei $N \approx 6000$ für die meisten Simulationen akzeptable Werte und wird für $6000 < N \leq 10000$ kaum besser. Insbesondere sei hervorgehoben, dass die „Konvergenz" nicht monoton ist und dass eine der Simulationen ein erschreckend ungenaues Ergebnis berechnet hat.

Varianzreduktion

Um die Genauigkeit der Simulation zu verbessern und so die Effizienz zu steigern, ist es wichtig, Methoden der Varianzreduktion anzuwenden. Wir schildern hier nur die Methode der *antithetic variables*, für andere Methoden sei auf die Anmerkungen zu Abschnitt 2.4 verwiesen.

Wenn die Zufallszahlen $Z \sim \mathcal{N}(0,1)$ erfüllen, dann gilt auch $-Z \sim \mathcal{N}(0,1)$. Es bezeichne $S^+(T)$ den durch eine Simulation der SDE ermittelten Wert. Mit geringem Extraaufwand kann nebenher die parallele Rechnung ablaufen, bei der jeweils $-Z$ statt Z verwendet wird, also die „Gegenthese" berechnet wird. Der resultierende Wert sei $S^-(T)$. Durch Mitteln

$$S(T) := \tfrac{1}{2}\left(S^+(T) + S^-(T)\right)$$

erhält man einen Wert, der in vielen Fällen genauer ist als S^+ alleine. Denn nach den Eigenschaften von Varianz und Kovarianz ($\longrightarrow$ Anhang A2) gilt

$$\mathsf{Var}(S(T)) = \tfrac{1}{4}\mathsf{Var}(S^+(T) + S^-(T))$$
$$= \tfrac{1}{4}\mathsf{Var}(S^+(T)) + \tfrac{1}{4}\mathsf{Var}(S^-(T)) + \tfrac{1}{2}\mathsf{Cov}(S^+(T), S^-(T)).$$

Wegen der Wahl der Zufallszahlen kann man damit rechnen, dass $S^+(T)$ und $S^-(T)$ negativ korreliert sind und somit $\mathsf{Cov}(S^+(T), S^-(T)) < 0$. Dann ist die Varianz von $S(T)$ kleiner als die von $S^+(T)$ und $S^-(T)$.

In Figur 3.2 wird das obige Beispiel 3.7 erneut simuliert, diesmal mit antithetischen Variablen. Bei diesem Beispiel und dem gewählten Zufallszahlengenerator erreicht die Varianz schnell kleine Werte. Das „Konvergenzverhalten" ist — verglichen mit Figur 3.1 — glatter, aber der Fehler ist am Ende auch nicht wirklich klein. Es sei noch einmal angemerkt, dass dieses

Beispiel effizient mit Baumverfahren (Abschnitt 1.4) oder über die Lösung der Black-Scholes-Gleichung gelöst werden kann (Kapitel 4).

Monte-Carlo-artige Methoden haben große Bedeutung bei Modellen, welche Annahmen wie zum Beispiel diejenigen von Black-Scholes nicht erfüllen. Wegen des erheblichen Aufwandes von Monte-Carlo-Methoden sollte man keine hohen Ansprüche an die Genauigkeit stellen. In vielen Fällen reicht ein Fehler von 1% aus. Wenn der Vorrat an verfügbaren Zufallszahlen zu klein ist, also ihre Periode erreicht ist, kann man keine weitere Verbesserung des Fehlers erwarten. Die Methoden der Varianzreduktion können erhebliche Zeiteinsparung bewirken [SH97].

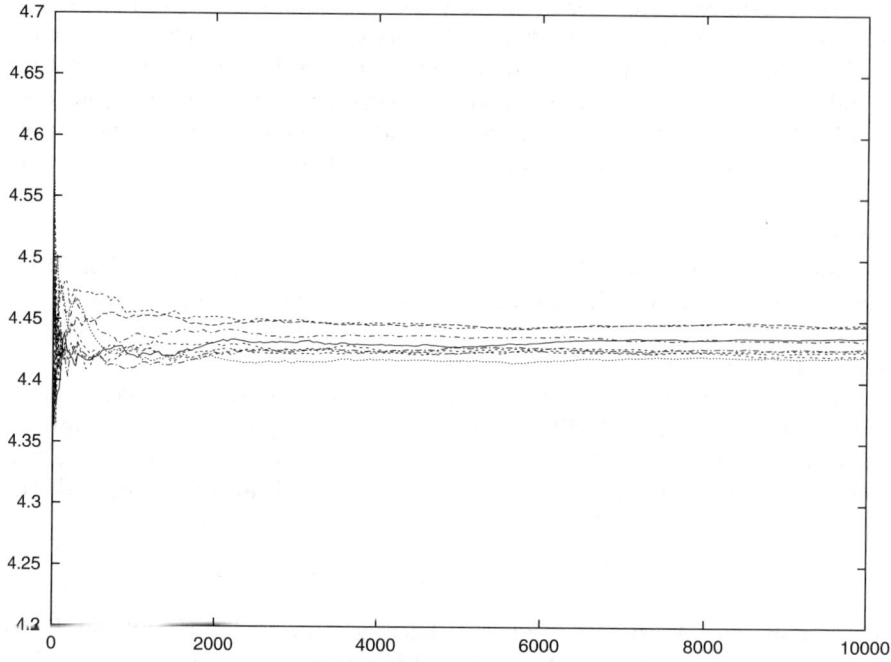

Fig. 3.2. 10 antithetische Simulationen zu Beispiel 3.7

Anmerkungen

zu Abschnitt 3.1:

Unter geeigneten Voraussetzungen kann für starke Lösungen Existenz und Eindeutigkeit nachgewiesen werden, vergleiche [KP92].

zu Abschnitt 3.3:

Eine Fülle von Näherungsmethoden zur Berechnung von Pfaden von SDEs ist in [KP92] diskutiert. Für die Gleichung (3.13) ist eine alternative Wahl von ΔW eine Variable, die mit Wahrscheinlichkeit 1/6 jeden der beiden Werte $\pm\sqrt{3\Delta t}$ und mit Wahrscheinlichkeit 2/3 den Wert 0 annimmt. Diese Wahl von $\Delta \hat{W}$ stimmt besser in den Momenten überein als $\pm\sqrt{\Delta t}$. Zur Integration von *Random ODEs* sei auf [GK99] verwiesen. Maple Routinen für SDEs mit Sprüngen finden sich in [CK99].

zu Abschnitt 3.5:

Der Grundgedanke des Ansatzes von Gleichung (3.15) wird in der Literatur unter Martingal-Methoden diskutiert, vergleiche die Literaturangaben in Kapitel 1. Die Annahme $\mu = r$ entspricht unserem Standard-Szenario einer Aktie ohne Dividendenzahlung. Die Monte-Carlo-Simulation lässt sich so modifizieren, dass auch Amerikanische Optionen berechnet werden können [Kw98].

Monte-Carlo-Simulationen sind auf triviale Weise parallelisierbar: Wegen der Unabhängigkeit der einzelnen Simulationen lassen sich diese leicht auf verschiedene Prozessoren verteilen. Bei M Prozessoren sinkt die Rechenzeit nahezu um den Faktor $1/M$. Voraussetzung hierzu ist statistische Unabhängikeit der Zufallszahlen-Ströme jedes Prozessors. In die Entwicklung solcher Generatoren ist viel Mühe gesteckt worden [Mas99]; trotzdem kann nicht ausgeschlossen werden, dass es Anwendungen mit unvorhergesehenen Korrelationen zwischen den Strömen gibt. In Zweifelsfällen müssen Monte-Carlo-Rechnungen mit anderen Zufallsgeneratoren wiederholt werden. Auch hier sollten deterministische Monte-Carlo-Methoden getestet werden, die auf Zahlen niedriger Diskrepanz aufbauen (vgl. Abschnitt 2.4).

Übungsaufgaben

Übung 3.1   Implementierung des Euler-Verfahrens

Man implementiere den Algorithmus 1.10, zunächst als Testversion für eine skalare SDE, danach als Version für ein System von SDEs. Testbeispiele:

a) Führe das Experiment von Figur 1.13 durch.
b) Integriere das System von Beispiel 1.14 für $\alpha = 0.3$, $\beta = 10$ und die Startwerte $S_0 = 1$, $\sigma = 0.1$, $\xi_0 = 0.1$ für $0 \leq t \leq 1$.

Eine graphische Darstellung der berechneten Pfade ist dringend anzuraten.

Übung 3.2   Zur Lösung des Itô-Integrals von Gleichung (3.9)

Das Intervall $0 \leq s \leq t$ sei durch $0 = t_1 < t_2 < ... < t_{n+1} = t$ in n Teilintervalle geteilt. Für einen Wiener-Prozess W_t gelte $W_{t_1} = 0$. Man zeige

a) $\displaystyle\sum_{j=1}^{n} W_{t_j}\left(W_{t_{j+1}} - W_{t_j}\right) = \frac{1}{2}W_t^2 - \frac{1}{2}\sum_{j=1}^{n}\left(W_{t_{j+1}} - W_{t_j}\right)^2$

b) $\displaystyle\mathsf{E}\left(\left(\sum_{j=1}^{n}\left(W_{t_{j+1}} - W_{t_j}\right)^2 - t\right)^2\right) = 0$

Übung 3.3

Für zwei unabhängige $Z_i \sim \mathcal{N}(0,1)$, $i = 1, 2$, ist

$$X := \frac{1}{2}\left(Z_1 + \frac{1}{\sqrt{3}}Z_2\right)$$

eine Zufallsvariable. Man zeige

$$\mathsf{E}(X) = 0, \quad \mathsf{Var}(X) = \frac{1}{3}.$$

Übung 3.4   Zur Brownschen Brücke

Für einen Wiener-Prozess W_t betrachte

$$X_t := W_t - \frac{t}{T}W_T \quad \text{für } 0 \le t \le T.$$

Man berechne $\mathsf{Var}(X_t)$ und zeige, dass

$$\sigma\sqrt{t\left(1 - \frac{t}{T}\right)}Z \quad \text{mit } Z \sim \mathcal{N}(0,1)$$

eine Realisierung von X_t mit Volatilität σ ist.

Kapitel 4 Black-Scholes und Finite Differenzen

Wir treten nun in die zweite Hälfte des Buches ein, die sich der numerischen Lösung der Black-Scholes-Gleichung widmet. Entsprechend sei das Szenario vorausgesetzt, das durch die Annahmen 1.2 charakterisiert ist. Dann löst im Fall der europäischen Option die Funktion $V(S,t)$ die Black-Scholes-Gleichung (1.2). Die Lösung dieser speziellen partiellen Differentialgleichung ist nicht unser eigentliches Ziel, da es für sie eine analytische Lösungsformel gibt ($\longrightarrow$ Anhang A3). Vielmehr sollen auch allgemeinere Gleichungen und Ungleichungen gelöst werden. Insbesondere werden auch amerikanische Optionen berechnet; insoweit müssen die Annahmen 1.2 abgeschwächt werden. Es geht hier nicht um die Berechnung einzelner Werte $V(S_0,0)$ — hierfür haben wir Baumverfahren — sondern um die Berechnung von Flächen $V(S,t)$ für den Halbstreifen $S \geq 0$, $0 \leq t \leq T$.

Für die amerikanischen Optionen gelten *Ungleichungen* von einem Typ, welcher der Black-Scholes-Gleichung (1.2) entspricht. Als weitere Verallgemeinerung müssen Dividenden-Zahlungen berücksichtigt werden, da nur dann ein amerikanischer Call sinnvoll ist. Die numerischen Grundlagen basieren auf Finiten Differenzen. Um diese Grundlagen nicht unnötig zu verkomplizieren, beginnen wir mit der Lösung der Black-Scholes-Gleichung mit zunächst unrealistisch einfachen Randbedingungen. Spätere Abschnitte werden die vollen Randbedingungen berücksichtigen und sich den amerikanischen Optionen zuwenden. Am Ende des Kapitels werden wir in der Lage sein, einen Algorithmus zu implementieren, der den Wert amerikanischer und europäischer Optionen berechnen kann.

4.1 Vorbereitungen

Dividendenzahlungen werden für dieses Kapitel als ein stetiger Ertrag konstanter Höhe angesetzt. Eine diskrete Dividendenzahlung im Sinne von beispielsweise einer einmal jährlich stattfindenden Ausschüttung kann in den stetigen Ertrag umgerechnet werden ($\longrightarrow$ Übung 4.1). Hierzu ist zu berücksichtigen, dass wegen Arbitrage-Argumenten $S(t)$ zum Zeitpunkt der Dividendenzahlung sprunghaft um den Betrag der Ausschüttung fällt. Unter einem kontinuierlichen Fluss von Dividendenzahlungen verstehen wir eine Abnahme von S in jedem Zeitintervall dt um den Betrag

$$\delta S \, dt,$$

mit einem konstanten δ. Ein solches kontinuierliches Dividendenmodell lässt sich leicht in den Black-Scholes-Rahmen einbauen. Entsprechend wird die SDE (1.16) erweitert zu

$$\frac{dS}{S} = (\mu - \delta)dt + \sigma dW.$$

Die Black-Scholes-Gleichung für $V(S,t)$ lautet hierzu

$$\frac{\partial V}{\partial t} + \frac{\sigma^2}{2} S^2 \frac{\partial^2 V}{\partial S^2} + (r - \delta)S \frac{\partial V}{\partial S} - rV = 0. \tag{4.1}$$

Hierzu äquivalent ist die Gleichung

$$\frac{\partial y}{\partial \tau} = \frac{\partial^2 y}{\partial x^2} \tag{4.2}$$

für $y(x, \tau)$ mit $0 \leq \tau$, $x \in \mathbb{R}$. Der Nachweis der Äquivalenz erfolgt mit Hilfe der Transformationen

$$S = Ee^x, \quad t = T - \frac{\tau}{\frac{1}{2}\sigma^2}, \quad q := \frac{2r}{\sigma^2}, \quad q_\delta := \frac{2(r - \delta)}{\sigma^2},$$

$$V(S,t) = E \exp\left\{ -\frac{1}{2}(q_\delta - 1)x - \left(\frac{1}{4}(q_\delta - 1)^2 + q\right)\tau \right\} y(x, \tau). \tag{4.3}$$

Für den geringfügig einfacheren Fall ohne Dividende ($\delta = 0$) ist der Nachweis bereits früher erfolgt ($\longrightarrow$ Übung 1.2). Die Black-Scholes-Gleichung in der Version (4.1) hat variable Koeffizienten mit Termen vom Typ

$$S^j \frac{\partial^j V}{\partial S^j}, \quad \text{für } j = 0, 1, 2.$$

Lineare Differentialgleichungen mit solchen Termen sind als Eulersche Differentialgleichungen bekannt; von daher ist die Transformation $S = Ee^x$ naheliegend. Die transformierte Version von Gleichung (4.2) hat konstante Koeffizienten (=1) und erleichtert damit die Implementierung numerischer Algorithmen.

Wegen der Zeittransformation in (4.3) ist der Verfall $t = T$ in der „neuen" Zeit τ durch $\tau = 0$ bestimmt, und $t = 0$ durch $\tau = \frac{1}{2}\sigma^2 T$. Aus dem Definitionsbereich „Halbstreifen" $S \geq 0$, $0 \leq t \leq T$ von (4.1) ist der Streifen

$$-\infty < x < \infty, \quad 0 \leq \tau \leq \frac{1}{2}\sigma^2 T$$

entstanden, auf dem wir eine Lösung $y(x, \tau)$ zu (4.2) approximieren. Danach wird durch Anwendung von (4.3) aus $y(x, \tau)$ das eigentlich interessierende $V(S,t)$ gewonnen.

Aus den Endbedingungen (1.1C) und (1.1P) werden unter der Transformation (4.3) **Anfangsbedingungen** für $y(x,0)$. Zum Beispiel gilt für den Call

$$V(S,T) = \max\{S - E, 0\} = E \cdot \max\{e^x - 1, 0\}$$

und andererseits nach (4.3)

$$V(S,T) = E \exp\left\{-\frac{x}{2}(q_\delta - 1)\right\} y(x,0),$$

also

$$y(x,0) = \exp\left\{\frac{x}{2}(q_\delta - 1)\right\} \max\{e^x - 1, 0\}$$

$$= \begin{cases} 0 & \text{für } x \leq 0 \\ \exp\left\{\frac{x}{2}(q_\delta - 1)\right\}(e^x - 1) & \text{für } x > 0. \end{cases}$$

Mit der Umformung

$$\exp\left\{\frac{x}{2}(q_\delta - 1)\right\}(e^x - 1) = \exp\left\{\frac{x}{2}(q_\delta + 1)\right\} - \exp\left\{\frac{x}{2}(q_\delta - 1)\right\}$$

lauten die Anfangsbedingungen

$$\text{Call:} \quad y(x,0) = \max\left\{e^{\frac{x}{2}(q_\delta+1)} - e^{\frac{x}{2}(q_\delta-1)},\ 0\right\} \qquad (4.4C)$$

$$\text{Put:} \quad y(x,0) = \max\left\{e^{\frac{x}{2}(q_\delta-1)} - e^{\frac{x}{2}(q_\delta+1)},\ 0\right\} \qquad (4.4P)$$

Dazu kommen Randbedingungen für $x \to -\infty$ und $x \to +\infty$ (in Abschnitt 4.4).

Die Gleichung (4.2) ist vom Typ eine parabolische partielle Differentialgleichung und der einfachste Fall einer Diffusions- oder Wärmeleitungsgleichung. Beide Gleichungen (4.1) und (4.2) sind linear in der abhängigen Variablen V bzw. y. Andere Schreibweisen für (4.2) sind $y_\tau = y_{xx}$ oder $\dot{y} = y''$. Der Diffusionsterm ist y_{xx}.

Die Methoden dieses Kapitels können grundsätzlich auch auf (4.1) angewendet werden, lassen sich aber für die äquivalente Version (4.2) erheblich einfacher durchführen und analysieren. Die Gleichung (4.2) wird von $\tau = 0$ anfangend „vorwärts" integriert, also für wachsende τ. Dies ist wichtig für folgende Stabilitätsuntersuchungen. Für wachsende τ ist die Formulierung (4.2) sinnvoll; dies ist äquivalent dazu, daß (4.1) für fallende t sachgemäß gestellt ist.

4.2 Grundlagen von Differenzenverfahren

In diesem Abschnitt werden die Grundlagen von Differenzenverfahren anhand der partiellen Differentialgleichung (4.2) behandelt.

4.2.1 Differenzen–Approximationen

Für jede wenigstens zweimal stetig differenzierbare Funktion $f(x)$ gilt

$$f'(x) = \frac{f(x+h) - f(x)}{h} + \frac{h}{2} f''(\xi);$$

solche Ausdrücke lassen sich mit Hilfe von Taylorentwicklungen leicht nachweisen. Wir diskretisieren $x \in \mathbb{R}$ durch Einführung eines eindimensionalen Gitters aus diskreten Punkten x_i mit

$$... < x_{i-1} < x_i < x_{i+1} < ...$$

Zum Beispiel wählen wir das Gitter äquidistant mit $h := x_{i+1} - x_i$. Die Funktionswerte $f_i := f(x_i)$ sind zunächst nicht diskret, $f_i \in \mathbb{R}$. Eine praktische Schreibweise ist auch

$$f'(x_i) = \frac{f_{i+1} - f_i}{h} + O(h). \tag{4.5}$$

Analoge Ausdrücke gelten für die partiellen Ableitungen von $y(x, \tau)$, also auch für eine Diskretisierung in τ. (Wir werden für h passend Δx oder $\Delta \tau$ schreiben.) Der Bruch in (4.5) ist der Differenzenquotient zur Näherung des Differentialquotienten der linken Seite; der $O(h^p)$-Term ist der Fehler. Der „einseitige", d.h. unsymmetrische Differenzenquotient von (4.5) ist von der Ordnung $p = 1$. Fehlerordnungen mit $p = 2$ erhält man mit zentralen Differenzen wie

$$f'(x_i) = \frac{f_{i+1} - f_{i-1}}{2h} + O(h^2),$$

$$f''(x_i) = \frac{f_{i+1} - 2f_i + f_{i-1}}{h^2} + O(h^2),$$

oder auch mit einseitigen Differenzen, die mehr Terme umfassen, wie

$$f'(x_i) = \frac{-f_{i+2} + 4f_{i+1} - 3f_i}{2h} + O(h^2).$$

Der Vorteil von äquidistanten Gittern sind einfach zu implementierende Algorithmen und einfache Fehlerterme. Deswegen verwenden wir in diesem Kapitel äquidistante Gitter.

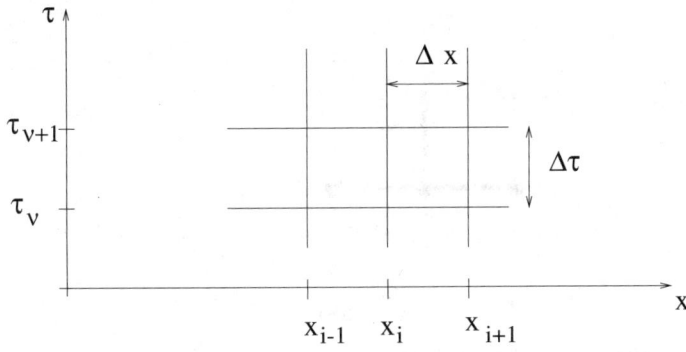

Fig. 4.1. Ausschnitt aus dem Gitter

4.2.2 Das Gitter

Es seien $\Delta\tau$ und Δx Diskretisierungs-Schrittweiten von τ und x. Dabei ist $\Delta\tau := \tau_{\max}/\nu_{\max}$ für $\tau_{\max} := \frac{1}{2}\sigma^2 T$ und ein geeignetes $\nu_{\max}$. Die Wahl der x-Diskretisierung ist schwieriger: Der unendliche Bereich $-\infty < x < \infty$ muss durch ein endliches Intervall $a \le x \le b$ ersetzt werden. Dabei sind $a = x_{\min} < 0$ und $b = x_{\max} > 0$ so zu wählen, dass für die entsprechenden $S_{\min} = Ee^a$ und $S_{\max} = Ee^b$ und das Intervall $S_{\min} \le S \le S_{\max}$ sich eine ausreichende Approximationsgüte ergibt. Für ein geeignetes m ist Δx definiert durch $\Delta x := (b-a)/m$. Weitere Bezeichnungen für das Gitter sind

$\tau_\nu := \nu \cdot \Delta\tau$ für $\nu = 0, 1, ..., \nu_{\max}$

$x_i := a + i\Delta x$, für $i = 0, 1, ..., m$

$y_{i\nu} := y(x_i, \tau_\nu)$,

$w_{i\nu}$ Näherung zu $y_{i\nu}$.

Damit ist ein zweidimensionales Gitter definiert, angedeutet in Figur 4.1. Das äquidistante rechteckige Gitter ist in diesem Kapitel allerdings für x und τ definiert, nicht für S und t. Transformieren wir das (x, τ)-Gitter mit der Transformation (4.3) auf die (S, t)-Ebene, so werden dort wegen $S = Ee^x$ die Abstände der Gitterlinien $S = S_i = Ee^{x_i}$ ungleich verteilt: Sie liegen bei $S_{\min}$ eng beieinander. (Für die Genauigkeit der Näherungen zu $V(S, t)$ ist dies nicht vorteilhaft; hierzu wird in Abschnitt 5.2 Stellung genommen.) Aus dem Gesamtgitter der (x, τ)-Ebene ist in Figur 4.1 nur ein Ausschnitt herausgegriffen. Die Gitterlinien $x = x_i$ und $\tau = \tau_\nu$ können mit ihren Nummern i und ν bezeichnet werden (Figur 4.2). Die Schnittpunkte der Gitterlinien $\tau = \tau_\nu$ und $x = x_i$ bilden die *Knoten*. Während die theoretische Lösung $y(x, \tau)$ auf einem Kontinuum definiert ist, sind die $w_{i\nu}$ nur auf den Knotenpunkten definiert. Natürlich hängen die Fehler $w_{i\nu} - y_{i\nu}$ ab von der Wahl der Parameter $\nu_{\max}, m, x_{\min}, x_{\max}$. A priori können die für eine vorgegebene Fehlerschranke passenden Parameter nicht angegeben werden. Ein Beispiel für den Bereich der x-Gitterlinien und für die Größenordnung der Parame-

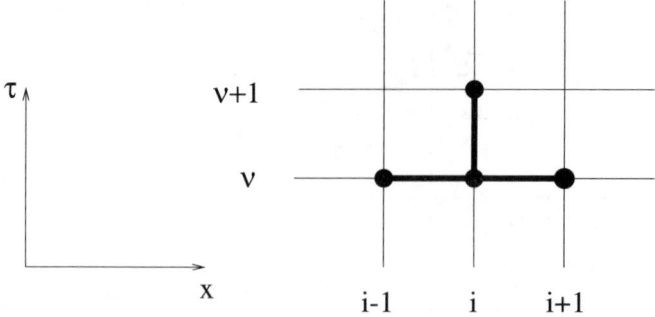

Fig. 4.2. Verknüpfung beim expliziten Verfahren

ter ist gegeben durch $x_{\min} = -5$, $x_{\max} = 5$, $\nu_{\max} = 10$, $m = 10$. In dieser Weise fest gewählte Werte von $x_{\min}$, $x_{\max}$ reichen erfahrungsgemäß aus für ein breites Spektrum von Genauigkeiten, die dann über die Gitterfeinheiten $\nu_{\max}$ und m geregelt werden.

4.2.3 Explizites Verfahren

Wegen

$$\frac{\partial y_{i\nu}}{\partial \tau} = \frac{y_{i,\nu+1} - y_{i\nu}}{\Delta \tau} + O(\Delta \tau)$$

$$\frac{\partial^2 y_{i\nu}}{\partial x^2} = \frac{y_{i+1,\nu} - 2y_{i\nu} + y_{i-1,\nu}}{\Delta x^2} + O(\Delta x^2)$$

folgt aus (4.2) die Beziehung

$$\frac{w_{i,\nu+1} - w_{i\nu}}{\Delta \tau} = \frac{w_{i+1,\nu} - 2w_{i\nu} + w_{i-1,\nu}}{\Delta x^2}$$

für die Näherungen w. Nach $w_{i,\nu+1}$ aufgelöst ergibt sich

$$w_{i,\nu+1} = w_{i,\nu} + \frac{\Delta \tau}{\Delta x^2}(w_{i+1,\nu} - 2w_{i\nu} + w_{i-1,\nu}).$$

Mit der Abkürzung

$$\lambda := \frac{\Delta \tau}{\Delta x^2}$$

kann das Resultat noch kompakter geschrieben werden:

$$w_{i,\nu+1} = \lambda w_{i-1,\nu} + (1 - 2\lambda)w_{i\nu} + \lambda w_{i+1,\nu} \tag{4.6}$$

Die durch diese Formel verknüpften Knoten sind in Figur 4.2 dargestellt.

Die Formel (4.6) und die Figur 4.2 legen eine Organisation der Auswertung nach „Zeitschichten" nahe. Das heißt, für ein festes ν (die Nummer der Zeitschicht) werden mit (4.6) zunächst für alle i die Werte w an der nächsten Zeitschicht $\nu + 1$ berechnet. Da (4.6) für jedes zu berechnende $w_{i,\nu+1}$ einen expliziten Formelausdruck darstellt ($i = 0, 1, ..., m$), heißt diese Methode **explizite** Methode, auch „Vorwärts–Differenzen–Verfahren".

Anfang: Für $\nu = 0$ liegen die w_{i0} durch die Anfangsbedingungen fest:

$$w_{i0} = y(x_i, 0) \quad \text{für } y \text{ aus (4.4)}, \ 0 \le i \le m.$$

Die $w_{0\nu}$ und $w_{m\nu}$ für $1 \le \nu \le \nu_{\max}$ werden durch Randbedingungen fixiert. Vereinfachend sei zunächst $w_{0\nu} = w_{m\nu} = 0$ angenommen. Die Realisierung der richtigen Randbedingungen verschieben wir auf den Abschnitt 4.4.

Für die weitere Analyse ist es praktisch, die Werte w der Zeitschicht ν zu einem Vektor zusammenzufassen,

$$w^{(\nu)} := (w_{1\nu}, ..., w_{m-1,\nu})^{tr}.$$

Für die Vektorschreibweise des expliziten Verfahrens definieren wir die konstante $(m - 1) \times (m - 1)$ Tridiagonalmatrix

$$A := \begin{pmatrix} 1 - 2\lambda & \lambda & 0 & \cdots & 0 \\ \lambda & 1 - 2\lambda & \ddots & \ddots & \vdots \\ 0 & \ddots & \ddots & \ddots & 0 \\ \vdots & \ddots & \ddots & \ddots & \lambda \\ 0 & \cdots & 0 & \lambda & \ddots \end{pmatrix}. \tag{4.7a}$$

Damit lautet die explizite Methode in Matrix-Vektor-Schreibweise

$$w^{(\nu+1)} = A w^{(\nu)} \quad \text{für } \nu = 0, 1, 2, ... \tag{4.7b}$$

Das Aufstellen von (4.7) mit der Matrix A und der Iteration in (4.7b) ist nur für theoretische Untersuchungen notwendig. Für die konkrete Ausführung der expliziten Methode würde man mit der Version (4.6) arbeiten. Auch muss man im allgemeinen nicht für jedes ν einen Vektor speichern. Der innere Schleifenindex i geht in der Vektor-Formulierung von (4.7) unter.

Beispiel 4.1 $y_\tau = y_{xx}$, $y(x, 0) = \sin \pi x$, $x_0 = 0$, $x_m = 1$, Randbedingungen $y(0, \tau) = y(1, \tau) = 0$ (d.h. $w_{0\nu} = w_{m\nu} = 0$).
Ziel ist die Berechnung von w für ein (x, τ), zum Beispiel für $x = 0.2$, $\tau = 0.5$.
Die exakte Lösung ist $y(x, \tau) = e^{-\pi^2 \tau} \sin \pi x$, also $y(0.2, 0.5) = 0.004227....$
Wir führen zwei Rechnungen aus mit dem gleichen $\Delta x = 0.1$, also $0.2 = x_2$, und zwei verschiedenen $\Delta \tau$:

(a) $\Delta \tau = 0.0005 \implies \lambda = 0.05$
    $0.5 = \tau_{1000}$, $w_{2,1000} \doteq 0.00435$

(b) $\Delta\tau = 0.01 \implies \lambda = 1$,

$0.5 = \tau_{50}, \quad w_{2,50} \doteq -1.5 * 10^8$ (z.B., rechnerabhängig)

Wir sehen, dass für die Wahl von $\Delta\tau$ in (a) ein vernünftiger Wert w herauskommt, während die Wahl in (b) zu einem Desaster führt. Hier gibt es ein Stabilitätsproblem!

4.2.4 Stabilität

Es folgt eine Fehleranalyse zu $w^{(\nu+1)} = Aw^{(\nu)}$. Im allgemeinen benutzen wir die gleiche Schreibweise w für die theoretische Definition der w und die durch numerische Rechnung tatsächlich erhaltenen Vektoren. Da es jetzt um Rundungsfehler geht, müssen wir die Schreibweisen unterscheiden. Die Vektoren $w^{(\nu)}$ sind durch die theoretische Beziehung (4.7b) definiert, sind also nach Definition rundungsfehlerfrei. Bei der Ausführung im Rechner sind Rundungsfehler zwangsläufig. Die rundungsfehlerbehafteten Werte seien mit $\bar{w}^{(\nu)}$ bezeichnet und die Fehlervektoren mit

$$e^{(\nu)} := \bar{w}^{(\nu)} - w^{(\nu)}.$$

Für das Resultat im Rechner gilt

$$\bar{w}^{(\nu+1)} = A\bar{w}^{(\nu)} + r^{(\nu)},$$

wobei $r^{(\nu)}$ den Effekt der Rundungsfehler bei der Berechnung von $A\bar{w}^{(\nu)}$ enthält. Der Einfachheit halber sei angenommen, dass nur für *ein* $\nu = \nu^*$ Rundungsfehler auftreten. Die Fortpflanzung dieses Fehlers für wachsende $\nu > \nu^*$ soll studiert werden. Ohne weitere Einschränkung setzen wir $\nu^* = 0$, diskutieren also die Auswirkung von $e^{(0)}$ auf die weitere Rechnung. Der Anfangsfehler $e^{(0)}$ beschreibt den Rundungsfehler bei der Auswertung der Anfangsbedingung (4.4). Entsprechend dieses Szenarios gilt $\bar{w}^{(\nu+1)} = A\bar{w}^{(\nu)}$. Wegen $Ae^{(\nu)} = A\bar{w}^{(\nu)} - Aw^{(\nu)} = \bar{w}^{(\nu+1)} - w^{(\nu+1)} = e^{(\nu+1)}$ folgt dann

$$e^{(k)} = A^k e^{(0)}. \tag{4.8}$$

Für stabiles Verhalten muss eine Dämpfung früherer Fehler verlangt werden, also $A^k e^{(0)} \to 0$ für $k \to \infty$. Das heißt elementweise $\lim_{k\to\infty}\{(A^k)_{ij}\} = 0$ für $k \to \infty$. Ein Kriterium für diese Forderung liefert das folgende Lemma.

Lemma 4.2

$$\rho(A) < 1 \iff A^k z \to 0 \quad \text{für alle } z$$

$$\iff \lim_{k\to\infty}\{(A^k)_{ij}\} = 0$$

Hierbei ist $\rho(A)$ der *Spektralradius*

$$\rho(A) := \max_k |\mu_k^A|,$$

wobei $\mu_1^A, ..., \mu_{m-1}^A$ die Eigenwerte von A sind. Der Beweis findet sich in Lehrbüchern der Numerik, z.B. in [IK66]. Als Konsequenz von Lemma 4.2 ist für stabiles Verhalten zu verlangen: $|\mu_k^A| < 1$ für alle Eigenwerte, hier also für $k = 1, ..., m - 1$. Hierzu benötigen wir die Eigenwerte μ_k^A von A. Die Matrix A kann aufgespalten werden in

$$
A = I - \lambda \cdot \underbrace{\begin{pmatrix} 2 & -1 & & & 0 \\ -1 & \ddots & \ddots & & \\ & \ddots & \ddots & \ddots & \\ & & \ddots & \ddots & \ddots \\ 0 & & & \ddots & \ddots \end{pmatrix}}_{=:B}.
$$

Benötigt werden also die Eigenwerte μ^B der Tridiagonalmatrix B. Hier hilft das folgende Lemma:

Lemma 4.3

$$
B = \begin{pmatrix} a & b & & & 0 \\ c & \ddots & \ddots & & \\ & \ddots & \ddots & \ddots & \\ & & \ddots & \ddots & \ddots \\ 0 & & & \ddots & \ddots \end{pmatrix} \quad \text{sei } N^2\text{-Matrix.}
$$

Die Eigenwerte μ_k^B und die Eigenvektoren $v^{(k)}$ von B sind

$$
\mu_k^B = a + 2b\sqrt{\frac{c}{b}} \cos \frac{k\pi}{N+1} \; , \; k = 1, ..., N,
$$

$$
v^{(k)} = \left(\sqrt{\frac{c}{b}} \sin \frac{k\pi}{N+1}, \left(\sqrt{\frac{c}{b}} \right)^2 \sin \frac{2k\pi}{N+1}, ..., \left(\sqrt{\frac{c}{b}} \right)^N \sin \frac{Nk\pi}{N+1} \right)^{tr}.
$$

Beweis: Einsetzen in $Bv = \mu^B v$.
Anwendung: $N = m - 1, a = 2, b = c = -1$. Dem Lemma 4.3 entnehmen wir die Eigenwerte μ^B und hieraus die Eigenwerte μ^A von A:

$$
\mu_k^B = 2 - 2\cos \frac{k\pi}{m} = 4\sin^2 \left(\frac{k\pi}{2m} \right)
$$

$$
\mu_k^A = 1 - 4\lambda \sin^2 \frac{k\pi}{2m}
$$

Damit lautet die Stabilitätsforderung $|\mu_k^A| < 1$

$$
\left| 1 - 4\lambda \sin^2 \frac{k\pi}{2m} \right| < 1, \quad k = 1, ..., m - 1.
$$

Es folgen die zwei Ungleichungen $\lambda > 0$ und

$$-1 < 1 - 4\lambda \sin^2 \frac{k\pi}{2m}, \quad \text{also} \quad \frac{1}{2} > \lambda \sin^2 \frac{k\pi}{2m}.$$

Der größte Sinus–Term ist $\sin \frac{(m-1)\pi}{2m}$; monoton wachsend geht dieser Term für wachsende m gegen 1.

Damit ist gezeigt:

$$0 < \lambda \leq \frac{1}{2} \implies \text{Die explizite Methode } w^{(\nu+1)} = Aw^{(\nu)} \text{ ist stabil.}$$

Dieses Stabilitätskriterium bedeutet wegen $\lambda = \Delta\tau/\Delta x^2$ eine **Beschränkung der $\Delta\tau$-Schrittweite**:

$$0 < \Delta\tau \leq \frac{\Delta x^2}{2} \tag{4.9}$$

Nun ist auch klar, was in Beispiel 4.1 passiert ist. Die Werte von λ in den beiden Fällen sind

$$(a) \quad \lambda = 0.05 \leq \frac{1}{2}$$

$$(b) \quad \lambda = 1 > \frac{1}{2}$$

Im Fall (b) war $\Delta\tau$ und damit λ zu groß, und die Rundungsfehler sind stark verstärkt worden und „explodiert".

Die explizite Methode ist wegen (4.9) nur eingeschränkt stabil. Die Parameter der Gitterfeinheit, m und $\nu_{\max}$, können hier nicht unabhängig gewählt werden. Für gesteigerte Genauigkeitsanforderungen, und damit kleiner werdende Δx, muss $\Delta\tau$ wegen des Stabilitätskriteriums von (4.9) überproportional klein sein. Wir suchen deswegen nach einer uneingeschränkt stabilen Methode.

4.2.5 Implizite Methode

Mit dem „Rückwärts-Differenzen-Quotienten"

$$\frac{\partial y_{i\nu}}{\partial \tau} = \frac{y_{i\nu} - y_{i,\nu-1}}{\Delta\tau} + O(\Delta\tau)$$

erhält man als Alternative zu (4.6)

$$-\lambda w_{i+1,\nu} + (2\lambda + 1)w_{i\nu} - \lambda w_{i-1,\nu} = w_{i,\nu-1} \tag{4.10}$$

Beim Übergang von der Zeitschicht $\nu - 1$ auf ν ist nur das $w_{i,\nu-1}$ auf der rechten Seite der Gleichung (4.10) bekannt (vergleiche Figur 4.3), während auf der linken Seite gleich drei unbekannte w aufmarschieren. Für (4.10) ist die Organisation der Indices schwieriger als bei (4.6). Insbesondere gibt es hier keine einfache explizite Formel, mit der man eine Unbekannte nach der anderen ausrechnen könnte. Der Übergang auf die Vektorschreibweise zeigt die Struktur von (4.10): Mit

$$A := \begin{pmatrix} 2\lambda+1 & -\lambda & & & 0 \\ -\lambda & \ddots & \ddots & & \\ & \ddots & \ddots & \ddots & \\ & & \ddots & \ddots & \ddots \\ 0 & & & \ddots & \ddots \end{pmatrix} \qquad (4.11a)$$

ist $w^{(\nu)}$ implizit als **Lösung eines linearen Gleichungssystems** fixiert:

$$Aw^{(\nu)} = w^{(\nu-1)} \quad \text{für } \nu = 1, ..., \nu_{\max} \qquad (4.11b)$$

Hier wurde wiederum $w_{0\nu} = w_{m\nu} = 0$ angenommen. Damit ist klar, dass (4.10) bzw. (4.11) ein System von gekoppelten linearen Gleichungen ist. Für jede Zeitschicht ν ist ein solches System zu lösen. Diese Methode heißt **implizite Methode**, oder „Rückwärts-Differenzen-Methode". Die Methode ist stabil für alle $\Delta\tau > 0$, wie sich analog zu oben nachweisen lässt ($\longrightarrow$ Übung 4.2). Der Aufwand dieser impliziten Methode ist gering, da die Matrix konstant und tridiagonal ist. Vor Beginn der Iteration, also für $\nu = 0$, wird die LR-Zerlegung von A einmal berechnet ($\longrightarrow$ Anhang A4) und dann für jedes ν angewendet.

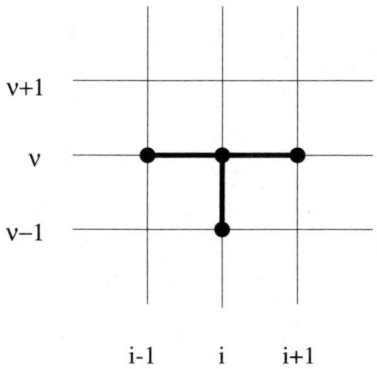

Fig. 4.3. Verknüpfung beim impliziten Verfahren

4.3 Crank-Nicolson-Verfahren

Bei den Methoden des vorigen Abschnittes waren die Diskretisierungen von $\frac{\partial y}{\partial \tau}$ nur von der Ordnung $O(\Delta\tau)$. Wünschenswerter ist ein Verfahren, welches in der Zeitdiskretisierung von $\frac{\partial y}{\partial \tau}$ die bessere Ordnung $O(\Delta\tau^2)$ erreicht und gleichzeitig uneingeschränkt stabil ist. Wir betrachten wiederum die zur Black-Scholes-Gleichung äquivalente Gleichung (4.2), also

$$\frac{\partial y}{\partial \tau} = \frac{\partial^2 y}{\partial x^2}.$$

Crank und Nicolson schlugen 1947 vor, die Vorwärts- und die Rückwärts–Differenzen-Methode zu mitteln. Hierzu seien beide Ansätze noch einmal aufgeführt:

vorwärts für ν:

$$\frac{w_{i,\nu+1} - w_{i\nu}}{\Delta\tau} = \frac{w_{i+1,\nu} - 2w_{i\nu} + w_{i-1,\nu}}{\Delta x^2}$$

rückwärts für $\nu + 1$:

$$\frac{w_{i,\nu+1} - w_{i\nu}}{\Delta\tau} = \frac{w_{i+1,\nu+1} - 2w_{i,\nu+1} + w_{i-1,\nu+1}}{\Delta x^2}$$

Addition ergibt

$$\frac{w_{i,\nu+1} - w_{i\nu}}{\Delta\tau} = \frac{1}{2\Delta x^2}\left(w_{i+1,\nu} - 2w_{i\nu} + w_{i-1,\nu} + w_{i+1,\nu+1} - 2w_{i,\nu+1} + w_{i-1,\nu+1}\right)$$

$$(4.12)$$

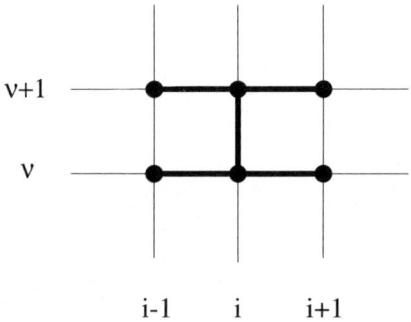

Fig. 4.4. Verknüpfung beim Crank-Nicolson-Verfahren

Die Gleichung (4.12) verknüpft Werte w an der Zeitschicht ν und an der Zeitschicht $\nu+1$ (Figur 4.4). Hieraus lässt sich ein leistungsfähiges Verfahren mit den folgenden Eigenschaften gewinnen:

Satz 4.4

Voraussetzung: y sei glatt im Sinn $y \in \mathcal{C}^4$. Dann gilt:

1.) Die Ordnung des Verfahrens ist $O(\Delta\tau^2) + O(\Delta x^2)$.
2.) Für jedes ν ist ein lineares Gleichungssystem von einfacher Tridiagonal-Struktur zu lösen.
3.) Stabilität gilt für alle $\Delta\tau > 0$.

Beweis:

1.) Zur Ordnung: Eine praktische Abkürzung für den symmetrischen Differenzenquotienten 2. Ordnung für y_{xx} ist

$$\delta_x^2 w_{i\nu} := \frac{w_{i+1,\nu} - 2w_{i\nu} + w_{i-1,\nu}}{\Delta x^2}. \tag{4.13}$$

Es folgt durch Taylorentwicklung für $y \in \mathcal{C}^4$

$$\delta_x^2 y_{i\nu} = \frac{\partial^2}{\partial x^2} y_{i\nu} + \frac{\Delta x^2}{12} \frac{\partial^4}{\partial x^4} y_{i\nu} + O(\Delta x^4).$$

Der *lokale Diskretisierungsfehler* ϵ gibt an, wie gut die exakte Lösung y von (4.2) das Differenzenschema erfüllt:

$$\epsilon := \frac{y_{i,\nu+1} - y_{i\nu}}{\Delta\tau} - \frac{1}{2}(\delta_x^2 y_{i\nu} + \delta_x^2 y_{i,\nu+1}).$$

Durch Anwenden des Operators δ_x^2 von (4.13) auf die Entwicklung von $y_{i,\nu+1}$ um τ_ν erhält man unter Verwendung von $y_\tau = y_{xx}$

$$\epsilon = O(\Delta\tau^2) + O(\Delta x^2)$$

($\longrightarrow$ Übung 4.3)

2.) Gleichungssystem: Mit $\lambda := \frac{\Delta\tau}{\Delta x^2}$ folgt aus (4.12)

$$\boxed{\begin{aligned} &-\frac{\lambda}{2} w_{i-1,\nu+1} + (1+\lambda) w_{i,\nu+1} - \frac{\lambda}{2} w_{i+1,\nu+1} \\ &= \frac{\lambda}{2} w_{i-1,\nu} + (1-\lambda) w_{i\nu} + \frac{\lambda}{2} w_{i+1,\nu} \end{aligned}}$$

$$\tag{4.14}$$

Bei den einfachsten Randbedingungen $w_{0\nu} = w_{m\nu} = 0$ ist dies ein System für $m-1$ Gleichungen. Mit den Matrizen

$$
A := \begin{pmatrix} 1+\lambda & -\frac{\lambda}{2} & & & 0 \\ -\frac{\lambda}{2} & \ddots & \ddots & & \\ & \ddots & \ddots & \ddots & \\ & & \ddots & \ddots & \ddots \\ 0 & & & \ddots & \ddots \end{pmatrix}, \quad B := \begin{pmatrix} 1-\lambda & \frac{\lambda}{2} & & & 0 \\ \frac{\lambda}{2} & \ddots & \ddots & & \\ & \ddots & \ddots & \ddots & \\ & & \ddots & \ddots & \ddots \\ 0 & & & \ddots & \ddots \end{pmatrix}
$$

$$(4.15a)$$

lautet es

$$Aw^{(\nu+1)} = Bw^{(\nu)}. \tag{4.15b}$$

Die Eigenwerte von A sind reell und liegen zwischen 1 und $1+2\lambda$ (folgt aus dem Satz von Gerschgorin, vgl. Anhang A4), also ist A regulär und die Lösung von (4.15b) eindeutig definiert.

3.) Zur Stabilität: Mit

$$
A = I + \tfrac{\lambda}{2}G, \quad G := \begin{pmatrix} 2 & -1 & & & 0 \\ -1 & \ddots & \ddots & & \\ & \ddots & \ddots & \ddots & \\ & & \ddots & \ddots & \ddots \\ 0 & & & \ddots & \ddots \end{pmatrix}, \quad B = I - \tfrac{\lambda}{2}G
$$

gilt

$$
\underbrace{(2I + \lambda G)}_{=:C} w^{(\nu+1)} = (2I - \lambda G) w^{(\nu)}
$$

$$
= (4I - 2I - \lambda G) w^{(\nu)}
$$

$$
= (4I - C) w^{(\nu)},
$$

also die formal explizite Vorschrift

$$w^{(\nu+1)} = (4C^{-1} - I)w^{(\nu)}. \tag{4.16}$$

Für die Eigenwerte μ^C von C gilt für $k = 1, ..., m-1$ mit Lemma 4.3

$$
\mu_k^C = 2 + \lambda \mu_k^G = 2 + \lambda(2 - 2\cos\frac{k\pi}{m}) = 2 + 4\lambda \sin^2\frac{k\pi}{2m}
$$

Für Stabilität ist wegen (4.16) für alle k

$$
\left| \frac{4}{\mu_k^C} - 1 \right| < 1
$$

zu verlangen. Dies ist wegen $\mu_k^C > 2$ erfüllt. Also ist das Crank-Nicolson-Verfahren (4.15) für alle $\lambda > 0$ ($\Delta\tau > 0$) stabil.

Auch wenn die richtigen Randbedingungen noch nicht formuliert sind, lohnt es sich, das Grundprinzip des Crank-Nicolson-Verfahrens als Algorithmus zusammenzufassen:

Algorithmus 4.5   (Crank-Nicolson)

> *Start:* Wähle m, $\nu_{\max}$; berechne $\Delta x, \Delta \tau$
>
> $w_i^{(0)} = y(x_i, 0)$ mit y aus (4.4), $0 \le i \le m$
>
> Berechne die LR-Zerlegung von A
>
> *Schleife:* *für* $\nu = 0, 1, ..., \nu_{\max} - 1$:
>
> Berechne $c := Bw^{(\nu)}$
>
> Löse $Ax = c$ mit der LR-Zerlegung,
>
> d.h. löse $Lz = Bw^{(\nu)}$ und $Rx = z$
>
> $w^{(\nu+1)} := x$

Natürlich gilt auch hier, dass die Matrizen A und B nicht wirklich im Rechner gespeichert werden. Wie wir im folgenden sehen werden, ist der Vektor c in Algorithmus 4.5 für die korrekten Randbedingungen zu modifizieren.

4.4 Randbedingungen

Für die Black-Scholes-Gleichung (4.1), für die transformierte Version (4.2), und für die diskretisierten Versionen der vorigen Abschnitte werden jeweils Randbedingungen benötigt. Festzulegen sind die Werte von

$V(S,t)$ für $S = 0$ und $S \to \infty$, bzw.

$y(x, \tau)$ für $x_{\min}$ und $x_{\max}$, bzw.

$w_{0\nu}$ und $w_{m\nu}$ für $\nu = 1, ..., \nu_{\max}$.

In den beiden vorigen Abschnitten sind grundlegende Differenzenmethoden anhand homogener Randbedingungen $w_{0\nu} = w_{m\nu} = 0$ erklärt worden. Damit ist das Black-Scholes-Modell noch nicht vollständig berücksichtigt und der Algorithmus 4.5 insoweit vorläufig. Es müssen noch realistische Randbedingungen formuliert werden.

Die Randbedingungen für den Zeitpunkt des Verfalls $t = T$ sind offensichtlich. Die einfachsten Fälle von Randbedingungen für $t < T$ können wir hieraus sofort ablesen: Aus den Figuren 1.1 und 1.2 und den Gleichungen (1.1C), (1.1P) folgt für den Wert V_C eines Calls und den Wert V_P eines Puts

$$V_C(S,t) = 0 \quad \text{für } S \approx 0, \text{ und}$$
$$V_P(S,t) = 0 \quad \text{für } S \to \infty \tag{4.17}$$

auch für $t < T$, da ein Abzinsen an dem Wert 0 nichts ändert. Dies gilt für europäische wie für amerikanische Optionen, mit oder ohne Dividendenzahlung. Die Randbedingungen auf der jeweils anderen „Seite" von S, wo

$V \neq 0$ gilt, sind diffiziler. Wir verschieben diese Randbedingungen für die amerikanischen Optionen auf den nächsten Abschnitt und konzentrieren uns in diesem Abschnitt auf europäische Optionen.

Mit der Put-Call-Parität ($\longrightarrow$ Übung 1.1) folgen die weiteren Randbedingungen für europäische Optionen ohne Dividendenzahlungen ($\delta = 0$)

$$
\begin{aligned}
V_C(S,t) &= S - Ee^{-r(T-t)} & \text{für } S \to \infty \\
V_P(S,t) &= Ee^{-r(T-t)} - S & \text{für } S \approx 0.
\end{aligned} \tag{4.18}
$$

Wir führen in (4.18) auch für $S \approx 0$ den Summanden S auf, da wegen der Transformation (4.3) $S_{\min} > 0$ gilt, vergleiche Abschnitt 4.2.2. Analoge Beziehungen wie in (4.18) gelten für den Fall mit kontinuierlicher Dividendenzahlung ($\delta \neq 0$). Wir überspringen die Herleitung, die mit Hilfe der Transformation (4.3) erfolgt ($\longrightarrow$ Übung 4.8). Die Randbedingungen für europäische Optionen lassen sich wie folgt zusammenfassen:

Randbedingungen 4.6   (europäische Optionen)

$y(x,\tau) = r_1(x,\tau)$ für $x \to -\infty$, $y(x,\tau) = r_2(x,\tau)$ für $x \to \infty$, mit

Call: $r_1(x,\tau) := 0$, $r_2(x,\tau) := \exp\left(\frac{1}{2}(q_\delta + 1)x + \frac{1}{4}(q_\delta + 1)^2\tau\right)$ (4.19)

Put: $r_1(x,\tau) := \exp\left(\frac{1}{2}(q_\delta - 1)x + \frac{1}{4}(q_\delta - 1)^2\tau\right)$, $r_2(x,\tau) := 0$

Abschneiden: Statt $-\infty < x < \infty$ kann für die praktische Rechnung nur ein endliches Intervall berücksichtigt werden,

$$
a := x_{\min} \leq x \leq x_{\max} =: b,
$$

vergleiche Abschnitt 4.2.2. Die Randbedingungen lauten also

$$
\begin{aligned}
w_{0\nu} &= r_1(a, \tau_\nu) \\
w_{m\nu} &= r_2(b, \tau_\nu)
\end{aligned}
$$

für alle ν. Dies sind explizite Formelausdrücke, die sich leicht implementieren lassen. Hierzu gehen wir zurück zur Crank-Nicolson-Gleichung (4.14), in der nun einige Terme durch die Randbedingungen bekannt sind. Für die Gleichung mit $i = 1$ sind dies

$$
\text{von der linken Seite: } -\frac{\lambda}{2}w_{0,\nu+1} = -\frac{\lambda}{2}r_1(a, \tau_{\nu+1})
$$

$$
\text{von der rechten Seite: } \frac{\lambda}{2}w_{0\nu} = \frac{\lambda}{2}r_1(a, \tau_\nu)
$$

und für $i = m - 1$:

$$
\text{von der linken Seite: } -\frac{\lambda}{2}w_{m,\nu+1} = -\frac{\lambda}{2}r_2(b, \tau_{\nu+1})
$$

$$
\text{von der rechten Seite: } \frac{\lambda}{2}w_{m\nu} = \frac{\lambda}{2}r_2(b, \tau_\nu)
$$

Diese bekannten Randwerte werden auf die rechte Seite des Systems (4.14) gebracht, wodurch sich schließlich

$$
\begin{aligned}
Aw^{(\nu+1)} &= Bw^{(\nu)} + d^{(\nu)} \\
d^{(\nu)} &:= \frac{\lambda}{2} \cdot
\begin{pmatrix}
r_1(a, \tau_{\nu+1}) + r_1(a, \tau_\nu) \\
0 \\
\vdots \\
0 \\
r_2(b, \tau_{\nu+1}) + r_2(b, \tau_\nu)
\end{pmatrix}
\end{aligned}
\tag{4.20}
$$

ergibt. Die bisherige Version (4.15b) ist mit $d^{(\nu)} = 0$ hierin als Spezialfall enthalten. Im Algorithmus 4.5 ist entsprechend zu modifizieren

$$c := Bw^{(\nu)} + d^{(\nu)}.$$

Für die Methoden von Abschnitt 4.2 gelten sinngemäße Formeln. Die Stabilität ist durch den bezüglich w konstanten Vektor d nicht beeinträchtigt.

4.5 Amerikanische Optionen als freie Randwertprobleme

Bisher haben wir in den Abschnitten 4.1 bis 4.3 die Black-Scholes-Differentialgleichung betrachtet, d.h. europäische Optionen. Wir wenden uns nun amerikanischen Optionen zu. Grundsätzlich gilt wegen des zusätzlichen Rechts auf vorzeitige Ausübung

$$V^{\mathrm{am}} \geq V^{\mathrm{eur}}.$$

4.5.1 Freie Randwertprobleme

Eine europäische Option kann einen Wert haben, der geringer ist als die Auszahlungsfunktion (vergleiche etwa Figur 1.4). Dies ist bei amerikanischen Optionen nicht zu erwarten. Würde beispielsweise ein amerikanischer Put einen Wert $V_P^{\mathrm{am}} < (E-S)^+$ haben, so könnte man durch sofortige Ausübung einen risikofreien Profit erzielen. Hierzu würde man die Aktie und gleichzeitig den Put kaufen. Mit einem analogen Arbitrage-Argument folgt, dass auch für einen amerikanischen Call eine Situation $V_C^{\mathrm{am}} < (S - E)^+$ nicht von Bestand wäre ($\longrightarrow$ Übung 4.4). Also sind für amerikanische Optionen die Ungleichungen

$$V_P^{am}(S, t) \geq (E - S)^+ \quad \text{für alle } (S, t),$$
$$V_C^{am}(S, t) \geq (S - E)^+ \quad \text{für alle } (S, t) \tag{4.21}$$

sinnvoll. Diese Situation ist in Figur 4.5 für einen Put schematisch wiederge-geben.

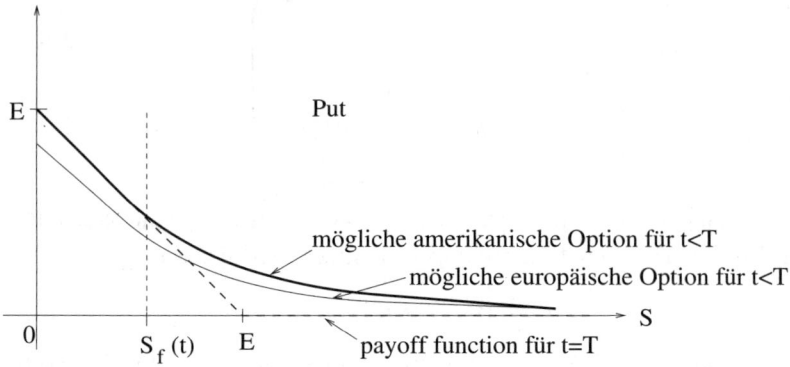

Fig. 4.5. $V(S, t)$ für einen Put

Für amerikanische Optionen hatten wir bisher die trivialen Randbedin-gungen (4.17) vermerkt, aber noch keine Randbedingungen am jeweils an-deren „Ende" von S. Im Hinblick auf die Ungleichungen (4.21) ist nun klar, dass die noch fehlenden Randbedingungen bei amerikanischen Optionen von anderer Art sein werden als die Bedingungen für europäische Optionen, wie sie beispielsweise in (4.18) aufgeführt sind. Wir studieren die Situation für den Fall eines amerikanischen Put (Figur 4.5). Für $S \approx 0$ gilt $V_P^{am} = E - S$. Wenn $V_P^{am}(S, t) > (E - S)^+$, dann muss es für fallende S wegen der Stetigkeit von V_P einen Wert $S_f < E$ geben, für den die Auszahlungsfunktion erreicht wird, also $V_P^{am}(S_f, t) = E - S_f$. Dieser *Aufsprungpunkt* S_f hängt von t ab, $S_f = S_f(t)$. Damit gilt

$$V_P^{am}(S, t) > (E - S)^+ \quad \text{für } S > S_f(t),$$
$$V_P^{am}(S, t) = E - S \quad \text{für } S \leq S_f(t). \tag{4.22}$$

Das bedeutet, dass für jedes t die „Kurve" $V_P^{am}(S, t)$ ihren linken Rand bei $S_f(t)$ erreicht. Die Lage des Randes $S_f(t)$ ist zunächst unbekannt, deswegen spricht man hier auch von einem **freien Randwertproblem**.

Um die Lage von $S_f(t)$ zu bestimmen, wird eine weitere Bedingung benötigt. Hierzu wird die Steigung $\frac{\partial V}{\partial S}$ betrachtet, mit der bei $V_P^{am}(S, t)$ bei $S_f(t)$ auf die Berandung auftrifft, die konstant das Gefälle -1 hat. Aus geo-metrischen Gründen ist für V_P^{am} der Fall $\frac{\partial V(S_f(t), t)}{\partial S} < -1$ auszuschließen, denn dann wären (4.21) und (4.22) verletzt. Mit Arbitrage-Argumenten kann auch der Fall $\frac{\partial V(S_f(t), t)}{\partial S} > -1$ ausgeschlossen werden ($\longrightarrow$ Übung 4.9). Es bleibt die Bedingung $\partial V_P^{am}(S_f(t), t)/\partial S = -1$, also ein **glatter Einlauf** von $V(S, t)$ in die Auszahlungsfunktion. Damit haben wir zwei Randbedingungen am Aufsprungpunkt $S_f(t)$:

$$V_P^{am}(S_f(t), t) = E - S_f(t)$$
$$\frac{\partial V_P^{am}(S_f(t), t)}{\partial S} = -1 \tag{4.23}$$

Dazu tritt wie bisher die Randbedingung für $S \to \infty$: $V_P(S, t) \to 0$.

Analoge Randbedingungen lassen sich für den amerikanischen Call formulieren. Hier ist $\delta \neq 0$ zu fordern, da sich eine vorzeitige Ausübung unter den hier verwendeten Annahmen bei einem Call ohne Dividendenzahlung nicht lohnt ([Hu97], § 7.4). Für den Call gelten dann für $S_f(t) > E$ die freien Randbedingungen

$$V_C^{am}(S_f(t), t) = S_f(t) - E$$
$$\frac{\partial V_C^{am}(S_f(t), t)}{\partial S} = 1 \tag{4.24}$$

4.5.2 Black-Scholes-Ungleichung

Die Black-Scholes-Gleichung (4.1) wird mit Arbitrage-Argumenten hergeleitet, wobei vorzeitige Ausübung ausgeschlossen wird ($\longrightarrow$ Anhang A3). Die Argumentation muss für amerikanische Optionen modifiziert werden. Das Resultat ist die *Ungleichung* vom Black-Scholes-Typ

$$\frac{\partial V}{\partial t} + \frac{1}{2}\sigma^2 S^2 \frac{\partial^2 V}{\partial S^2} + (r - \delta)S\frac{\partial V}{\partial S} - rV \leq 0. \tag{4.25}$$

Die Ungleichungen (4.21) und (4.25) gelten für alle (S, t). Wenn in (4.21) „>" gilt, muss in (4.25) „=" gelten. Am Aufsprungpunkt S_f gibt es eine Zweiteilung der S-Achse:

$$\text{Put:} \qquad V_P^{am} = E - S \quad \text{für } S \leq S_f$$
$$V_P^{am} \text{ löst (4.1)} \quad \text{für } S > S_f$$

und

$$\text{Call:} \qquad V_C^{am} = S - E \quad \text{für } S \geq S_f$$
$$V_C^{am} \text{ löst (4.1)} \quad \text{für } S < S_f$$

Dies zeigt, dass auch für amerikanische Optionen die Black-Scholes-Gleichung (4.1) zu lösen ist, allerdings wegen des freien Randes mit besonderen Vorkehrungen. Insbesondere werden Verfahren gesucht, die zusammen mit V gleichzeitig das unbekannte S_f liefern.

4.5.3 Hindernis-Probleme

Ein kleiner Exkurs über Hindernis-Probleme soll als Motivation für das spätere Vorgehen dienen. Gegeben sei ein „Hindernis" $f(x)$, etwa mit $f(x) > 0$ für $\alpha < x < \beta$, $f \in C^2$, $f'' < 0$ und $f(-1) < 0$, $f(1) < 0$, vgl. Figur 4.6. Über dieses Hindernis wird eine Funktion u minimaler Länge gespannt wie ein Gummifaden. Diese Kurve u liegt zwischen α und β auf der Berandung auf. Bei $x = \alpha$ und $x = \beta$ liegen für u die zunächst unbekannten Aufsprungpunkte. Dieses Hindernisproblem ist ein einfaches freies Randwertproblem.

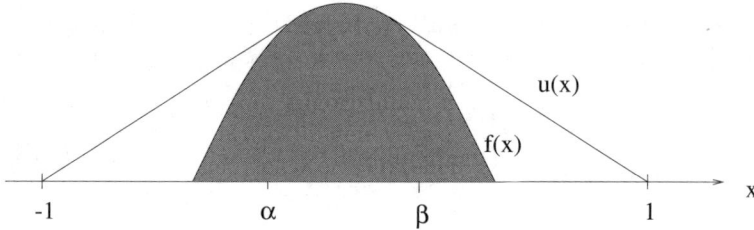

Fig. 4.6. Funktion $u(x)$ über einem Hindernis $f(x)$

Das Ziel ist es, das Hindernisproblem so umzuformulieren, dass die freien Randbedingungen explizit nicht auftauchen. Hiervon versprechen wir uns numerische Vorteile. Die Funktion u von Figur 4.6 ist definiert durch die Forderungen $u \in C^1[-1, 1]$, sowie durch:

für $-1 < x < \alpha$:	$u'' = 0$	(dann gilt $u > f$)
für $\alpha < x < \beta$:	$u = f$	(dann gilt $u'' = f'' < 0$)
für $\beta < x < 1$:	$u'' = 0$	(dann gilt $u > f$)

Hierin wird eine Komplementarität sichtbar im folgenden Sinn

$$u > f, \ \text{dann} \ u'' = 0$$
$$u = f, \ \text{dann} \ u'' < 0.$$

Rückblickend wird klar, dass bei amerikanischen Optionen eine analoge Komplementarität gilt:

$$V > \text{Auszahlung, dann Black-Scholes-}\textit{Gleichung} \quad (4.1)$$
$$V = \text{Auszahlung, dann Black-Scholes-}\textit{Ungleichung} \quad (4.25)$$

Diese Analogie motiviert uns, zunächst nach einer Lösung für das Hindernisproblem zu suchen. Das Hindernisproblem kann wie folgt umformuliert werden

$$\begin{cases} \text{gesucht ist } u(x) \text{ so dass} \\ u''(u - f) = 0, \quad -u'' \geq 0, \quad u - f \geq 0, \\ u(-1) = u(1) = 0, \ u \in C^1[-1, 1]. \end{cases} \quad (4.26)$$

Die Schlüsselzeile (4.26) ist ein **lineares Komplementaritätsproblem**. Hierin treten die freien Randbedingungen an $x = \alpha$ und $x = \beta$ (α und β unbekannt) nicht mehr explizit auf; sie können im nachhinein von der Lösung abgelesen werden. Die Version (4.26) des Hindernisproblems werden wir unten zur numerischen Lösung nutzen. Vorher aber soll noch eine andere Formulierung des Hindernisproblems hergeleitet werden.

Formulierung als Variations–Ungleichung

Zur Charakterisierung von u vergleichen wir u mit Funktionen v aus einer Menge $\mathcal{K}$ von *Konkurrenzfunktionen*

$$\mathcal{K} := \{v \in \mathcal{C}^0[-1,1] : \ v(-1) = v(1) = 0,$$
$$v(x) \geq f(x) \ \text{ für } \ -1 \leq x \leq 1, \ v \text{ stückweise } \in \mathcal{C}^1\}.$$

Wegen den an u gestellten Forderungen gilt $u \in \mathcal{K}$. Für $v \in \mathcal{K}$ gilt $v - f \geq 0$ und wegen $-u'' \geq 0$ auch $-u''(v - f) \geq 0$. Also gilt

$$\int_{-1}^{1} -u''(v - f)dx \geq 0$$

Ebenso gilt wegen (4.26)

$$\int_{-1}^{1} -u''(u - f)dx = 0.$$

Subtraktion ergibt

$$\int_{-1}^{1} -u''(v - u)dx \geq 0 \ \text{ für beliebige } \ v \in \mathcal{K}.$$

Die Hindernisfunktion f taucht explizit nicht mehr auf; sie steckt in $\mathcal{K}$. Durch partielle Integration folgt

$$\underbrace{[-u'(v - u)]_{-1}^{1}}_{=0} + \int_{-1}^{1} u'(v - u)'dx \geq 0.$$

Der herausintegrierte Term verschwindet wegen $u(-1) = v(-1)$, $u(1) = v(1)$. Damit haben wir die folgende Aussage hergeleitet:

Falls u das Hindernis–Problem (4.26) löst, dann gilt für alle $v \in \mathcal{K}$

$$\int_{-1}^{1} u'(v - u)'dx \geq 0. \tag{4.27}$$

Da v in der Klasse von Vergleichsfunktionen $\mathcal{K}$ variiert, nennt man eine Un-gleichung wie (4.27) auch *Variations-Ungleichung*. Die Charakterisierung von u kann auch zur Konstruktion einer Näherung w verwendet werden: Gesucht ist ein $w \in \mathcal{K}$ so dass (4.27) für alle $v \in \mathcal{K}$ erfüllt ist. Da das Integral in (4.27) für $v = u$ verschwindet, ist diese Charakterisierung mit einem Minimum-Problem verwandt. Die Formulierung als Variationsproblem werden wir für das Hindernisproblem nicht weiter verfolgen, aber in Kapitel 5 für den Fall amerikanischer Optionen wieder aufgreifen.

Diskretisierung des Hindernisproblems

Zur numerischen Lösung gehen wir zurück zur Komplementaritäts-Version (4.26) des Hindernisproblems. Wir setzen finite Differenzen für u'' an auf dem Gitter $x_i = -1 + i\Delta x$, mit $\Delta x = \frac{2}{m}$, $f_i := f(x_i)$, w_i Näherung zu $u(x_i)$. Dies führt auf

$$\left\{ \begin{array}{l} (w_{i-1} - 2w_i + w_{i+1})(w_i - f_i) = 0, \\ -w_{i-1} + 2w_i - w_{i+1} \geq 0, \quad w_i \geq f_i \end{array} \right\} \quad 0 < i < m,$$

$$\text{und} \quad w_0 = w_m = 0.$$

Die erste Zeile kann wegen der Vorzeichenverteilung der Faktoren als Skalar-produkt geschrieben werden. Für die Vektorschreibweise definieren wir

$$B := \begin{pmatrix} 2 & -1 & & & 0 \\ -1 & \ddots & \ddots & & \\ & \ddots & \ddots & \ddots & \\ & & \ddots & \ddots & \ddots \\ 0 & & & \ddots & \ddots \end{pmatrix} \quad \text{und} \quad w := \begin{pmatrix} w_1 \\ \vdots \\ w_{m-1} \end{pmatrix}, \; f := \begin{pmatrix} f_1 \\ \vdots \\ f_{m-1} \end{pmatrix}$$

und erhalten das diskrete Komplementaritäts-Problem in der Form

$$\left\{ \begin{array}{l} (w - f)^{tr} Bw = 0 \\ Bw \geq 0, \; w \geq f \end{array} \right. \tag{4.28}$$

Zur Berechnung von (4.28) wird $Bw = 0$ unter der Nebenbedingung $w \geq f$ gelöst, vergleiche Abschnitt 4.6.2.

4.5.4 Lineare Komplementarität für Amerikanische Put-Optionen

In Analogie zu obigem einfachen Hindernisproblem wird nun ein lineares Komplementaritätsproblem für amerikanische Optionen hergeleitet. Wir be-schränken uns hier auf amerikanische Puts ohne Dividendenzahlung ($\delta = 0$); der allgemeine Fall wird im nächsten Abschnitt aufgelistet. Die Transforma-tion (4.3) führt auf

$$\frac{\partial y}{\partial \tau} = \frac{\partial^2 y}{\partial x^2} \quad \text{sofern} \quad V_P^{am} > (E - S)^+.$$

Auch die Nebenbedingung (4.21) muss der Transformation unterworfen werden:

$$V_P^{am}(S, t) \geq (E - S)^+ = E \max\{1 - e^x, 0\}$$

führt zu

$$
\begin{aligned}
y(x, \tau) &\geq \exp\{\tfrac{1}{2}(q - 1)x + \tfrac{1}{4}(q + 1)^2\tau\} \max\{1 - e^x, 0\} \\
&= \exp\{\tfrac{1}{4}(q + 1)^2\tau\} \max\{(1 - e^x)e^{\frac{1}{2}(q-1)x}, 0\} \\
&= \exp\{\tfrac{1}{4}(q + 1)^2\tau\} \max\{e^{\frac{1}{2}(q-1)x} - e^{\frac{1}{2}(q+1)x}, 0\} \\
&=: g(x, \tau)
\end{aligned}
$$

Mit dieser Funktion g lässt sich auch die Anfangsbedingung (4.4) knapp $y(x, 0) = g(x, 0)$ schreiben. Insgesamt fordern wir

$$y(x, 0) = g(x, 0) \quad \text{und} \quad y(x, \tau) \geq g(x, \tau),$$

dazu die Randbedingung $y(x, \tau) \to 0$ für $x \to \infty$, sowie $y \in C^1$. Für $x \to \infty$ gilt $g(x, \tau) = 0$, also kann die Randbedingung auch als

$$y(x, \tau) = g(x, \tau) \quad \text{für} \quad x \to \infty$$

geschrieben werden. Das Gleiche gilt für $x \to -\infty$ ($\longrightarrow$ Übung 4.5). In der Praxis werden die Randbedingungen für $x_{\min}$ und $x_{\max}$ formuliert. Damit kann der amerikanische Put als lineares Komplementaritätsproblem formuliert werden:

$$
\begin{cases}
\left(\dfrac{\partial y}{\partial \tau} - \dfrac{\partial^2 y}{\partial x^2}\right)(y - g) = 0, \\[2mm]
\dfrac{\partial y}{\partial \tau} - \dfrac{\partial^2 y}{\partial x^2} \geq 0, \qquad y - g \geq 0 \\[2mm]
y(x, 0) = g(x, 0), \; y(x_{\min}, \tau) = g(x_{\min}, \tau), \\[2mm]
y(x_{\max}, \tau) = 0, \; y \in C^1
\end{cases}
$$

Eine analoge Formulierung gilt für den amerikanischen Call. Beides wird zu Beginn des folgenden Abschnitts zusammengefasst. Wie beim Hindernisproblem gibt es auch für amerikanische Optionen Variationsprobleme; dies wird in Abschnitt 5.3 gezeigt werden.

4.6 Berechnung amerikanischer Optionen

Zunächst seien die Ergebnisse des vorigen Abschnittes zusammengefasst (einschließlich Call):

Aufgabe 4.7   (lineares Komplementaritätsproblem)

$$q = \frac{2r}{\sigma^2}; \quad q_\delta = \frac{2(r - \delta)}{\sigma^2}$$

Put: $g(x, \tau) := \exp\{\frac{1}{4}((q_\delta - 1)^2 + 4q)\tau\} \max\{e^{\frac{1}{2}(q_\delta - 1)x} - e^{\frac{1}{2}(q_\delta + 1)x}, 0\}$

Call: $r > \delta > 0$,

$$g(x, \tau) := \exp\{\tfrac{1}{4}((q_\delta - 1)^2 + 4q)\tau\} \max\{e^{\frac{1}{2}(q_\delta + 1)x} - e^{\frac{1}{2}(q_\delta - 1)x}, 0\}$$

$$\left(\frac{\partial y}{\partial \tau} - \frac{\partial^2 y}{\partial x^2}\right)(y - g) = 0$$

$$\frac{\partial y}{\partial \tau} - \frac{\partial^2 y}{\partial x^2} \geq 0, \quad y - g \geq 0$$

$$y(x, 0) = g(x, 0), \quad 0 \leq \tau \leq \frac{1}{2}\sigma^2 T$$

$$\lim_{x \to \pm\infty} y(x, \tau) = \lim_{x \to \pm\infty} g(x, \tau)$$

Wie in Abschnitt 4.5 ausgeführt, ist das freie Randwertproblem amerikanischer Optionen in der Aufgabe 4.7 so umformuliert, dass die freie Randbedingung explizit nicht mehr auftritt. In diesem letzten Teil des Kapitels geht es nun um die numerische Lösung der Aufgabe 4.7.

4.6.1 Diskretisierung mit Finiten Differenzen

Wir verwenden das gleiche äquidistante Gitter wie in Abschnitt 4.2.2, mit $w_{i\nu}$ Näherung zu $y(x_i, \tau_\nu)$, $\quad g_{i\nu} := g(x_i, \tau_\nu)$. Die implizite, die explizite, und die Crank-Nicolson-Methode lassen sich in einer Formel zusammenfassen:

$$\frac{w_{i,\nu+1} - w_{i\nu}}{\Delta\tau} = \theta\frac{w_{i+1,\nu+1} - 2w_{i,\nu+1} + w_{i-1,\nu+1}}{\Delta x^2} +$$
$$(1 - \theta)\frac{w_{i+1,\nu} - 2w_{i\nu} + w_{i-1,\nu}}{\Delta x^2},$$

mit $\theta = 0$ (explizit), $\theta = \frac{1}{2}$ (Crank–Nicolson), $\theta = 1$ (implizites Verfahren). Wiederum wird die Abkürzung $\lambda := \frac{\Delta\tau}{\Delta x^2}$ verwendet.

Der Differential–Ungleichung $\frac{\partial y}{\partial \tau} - \frac{\partial^2 y}{\partial x^2} \geq 0$ entspricht die diskrete Version

$$w_{i,\nu+1} - \lambda\theta(w_{i+1,\nu+1} - 2w_{i,\nu+1} + w_{i-1,\nu+1})$$
$$- w_{i\nu} - \lambda(1 - \theta)(w_{i+1,\nu} - 2w_{i\nu} + w_{i-1,\nu}) \geq 0. \tag{4.29}$$

Mit den Abkürzungen

$$b_{i\nu} := w_{i\nu} + \lambda(1-\theta)(w_{i+1,\nu} - 2w_{i\nu} + w_{i-1,\nu})$$

$$b^{(\nu)} := (b_{1\nu}, ..., b_{m-1,\nu})^{tr}$$

$$w^{(\nu)} := (w_{1\nu}, ..., w_{m-1,\nu})^{tr}$$

$$g^{(\nu)} := (g_{1\nu}, ..., g_{m-1,\nu})^{tr}$$

$$A := \begin{pmatrix} 1+2\lambda\theta & -\lambda\theta & & & 0 \\ -\lambda\theta & \ddots & \ddots & & \\ & \ddots & \ddots & \ddots & \\ & & \ddots & \ddots & \ddots \\ 0 & & & \ddots & \ddots \end{pmatrix} \in \mathbb{R}^{(m-1)\times(m-1)} \qquad (4.30)$$

lautet die Vektorschreibweise von (4.29)

$$Aw^{(\nu+1)} \geq b^{(\nu)} \quad \text{für alle } \nu.$$

Solche Ungleichungen für Vektoren sind komponentenweise zu verstehen. Aus $y - g \geq 0$ wird

$$w^{(\nu)} \geq g^{(\nu)},$$

und aus $\left(\frac{\partial y}{\partial \tau} - \frac{\partial^2 y}{\partial x^2}\right)(y-g) = 0$ wird

$$\left(Aw^{(\nu+1)} - b^{(\nu)}\right)^{tr}\left(w^{(\nu+1)} - g^{(\nu+1)}\right) = 0.$$

Anfangs- und Randbedingungen:

$$w_{i0} = g_{i0}, \quad i = 1, ..., m, \quad \text{also } w^{(0)} = g^{(0)};$$

$$w_{0\nu} = g_{0\nu}, \quad w_{m\nu} = g_{m\nu}, \quad \nu \geq 1$$

Einbau der Randbedingungen in den Vektor $b^{(\nu)}$:

$b_{2\nu}, ..., b_{m-2,\nu}$ wie oben,

$b_{1\nu} = w_{1\nu} + \lambda(1-\theta)(w_{2\nu} - 2w_{1\nu} + g_{0\nu}) + \lambda\theta g_{0,\nu+1}$ $\qquad (4.31)$

$b_{m-1,\nu} = w_{m-1,\nu} + \lambda(1-\theta)(g_{m\nu} - 2w_{m-1,\nu} + w_{m-2,\nu}) + \lambda\theta g_{m,\nu+1}$

Zusammenfassung: Die diskretisierte Version von Aufgabe 4.7 lässt sich als Algorithmus formulieren:

Algorithmus 4.8   (Berechnung amerikanischer Optionen)

> *Für* $\nu = 1, 2, ..., \nu_{\max}$:
> Berechne die Vektoren $g := g^{(\nu+1)}$,
> $\qquad b := b^{(\nu)}$ aus (4.30), (4.31).
> Berechne den Vektor w als Lösung des Problems
> $\qquad Aw - b \geq 0, \quad w \geq g, \quad (Aw - b)^{tr}(w - g) = 0.$ (4.32)
> $w^{(\nu+1)} := w$

4.6.2 Iterative Lösung

In Algorithmus 4.8 ist in jeder Zeitschicht ν ein lineares Komplementaritäts-problem (4.32) zu lösen. Dies ist die eigentliche Arbeit in Algorithmus 4.8. Die Lösung der Probleme (4.32) erfolgt jeweils iterativ. Hierzu verwenden wir das Projektions-SOR-Verfahren nach Cryer. Für eine Einführung in iterative Verfahren zur Lösung von linearen Gleichungssystemen $Ax = b$ verweisen wir auf Anhang A5. Das Problem (4.32) ist jedenfalls nicht von der einfa-chen Form $Ax = b$. Zunächst transformieren wir das Problem (4.32) aus der w-Welt in eine x-Welt[1] mit

$$x := w - g.$$

Dann ist leicht zu sehen, dass das Problem, eine Lösung w für (4.32) zu finden, äquivalent ist zu der Aufgabe

Aufgabe 4.9   (Problem von Cryer)

> Finde Vektoren x und y derart, dass für $\hat{b} := b - Ag$
> $$Ax - y = \hat{b}, \quad x \geq 0, \quad y \geq 0, \quad x^{tr}y = 0.$$ (4.33)

Für diese Aufgabe hat Cryer in [Cr71] einen Algorithmus vorgeschlagen unter der Annahme, dass A symmetrisch und positiv definit ist. Letzteres ist für die Matrix A von (4.30) erfüllt, da die Eigenwerte positiv sind.

Die Iteration des SOR-Verfahrens lässt sich für $Ax = \hat{b} = b - Ag$ kompo-nentenweise schreiben ($\longrightarrow$ Übung 4.6) als

$$r_i^{(k)} := \hat{b}_i - \sum_{j=1}^{i-1} a_{ij}x_j^{(k)} - \sum_{j=i}^{n} a_{ij}x_j^{(k-1)}$$ (4.34a)

---

[1] Zur Bezeichnung: In diesem Unterabschnitt hat x nicht die Bedeutung der Transformation von (4.3) und r nicht die des Zinssatzes.

$$x_i^{(k)} = x_i^{(k-1)} + \omega \frac{r_i^{(k)}}{a_{ii}}. \tag{4.34b}$$

Hierbei ist k die Nummer des Iterationsschrittes. Das Projektions-SOR-Verfahren zur Lösung von (4.33) startet von einem Vektor $x^{(0)} \geq 0$ und ist identisch wie das SOR-Verfahren bis auf eine Modifikation an (4.34b), die für $x_i^{(k)} \geq 0$ sorgt.

Algorithmus 4.10   (Projektions-SOR für Aufgabe 4.9)

> *äußere Schleife:* k
>
> *innere Schleife:* $i = 1, ..., m-1$
>
> $r_i^{(k)}$ wie in (4.34a)
>
> $$x_i^{(k)} = \max\left\{0, x_i^{(k-1)} + \omega \frac{r_i^{(k)}}{a_{ii}}\right\}, \tag{4.35}$$
>
> $$y_i^{(k)} = -r_i^{(k)} + a_{ii}\left(x_i^{(k)} - x_i^{(k-1)}\right)$$

Das Verfahren löst also iterativ $Ax = \hat{b}$ für $\hat{b} = b - Ag$ unter *komponentenweiser* Berücksichtigung von $x^{(k)} \geq 0$. Der Vektor y bzw. die gegen y konvergierende Komponenten $y_i^{(k)}$ werden explizit nicht benötigt. Übertragen in die w-Welt von Problem (4.32) bedeutet dies den Algorithmus

> Löse $Aw = b$ unter komponentenweiser Berücksichtigung
>
> der Nebenbedingung $w \geq g$ mit dem Projektions-SOR.

Die Anpassung der Formel (4.35) für $x \geq 0$ an $w \geq g$ ist einfach.

Es bleibt noch der Nachweis zu führen, dass die Projektions-SOR-Methode gegen eine eindeutige Lösung konvergiert. Man zeigt zunächst die Äquivalenz von Aufgabe 4.9 mit dem Minimierungsproblem

$$\min_{x \geq 0} G(x), \quad \text{mit } G(x) := \frac{1}{2}(x^{tr}Ax) - \hat{b}^{tr}x \quad \text{strikt konvex.} \tag{4.36}$$

Die Äquivalenz folgt aus der Kuhn-Tucker-Theorie, vergleiche etwa [SW70], [St86]. Die weiteren Hauptschritte der Argumentationskette von Cryer sind grob skizziert die folgenden:

Für $0 < \omega < 2$ ist die Folge $G(x^{(k)})$ monoton fallend;

Zeige $x^{(k+1)} - x^{(k)} \to 0$ für $k \to \infty$;

Die Existenz eines Grenzwertes ist sicher, da $x^{(k)}$ in der kompakten Menge $\{x | G(x) \leq G(x^{(0)})\}$ liegt;

Der Vektor r aus (4.34) konvergiert gegen $-y$;

Die Annahmen $r \geq 0$ und $r^{tr}x \neq 0$ führen zu einem Widerspruch zu $x^{(k+1)} - x^{(k)} \to 0$. Für die Ausführung des Beweises sei auf [Cr71] verwiesen.

4.6.3 Algorithmus zur Berechnung von amerikanischen Optionen

Es bleibt nun noch, den Algorithmus 4.10 für die w-Vektoren zu modifizieren und dann als Algorithmus zur Lösung von (4.32) in den Algorithmus 4.8 einzusetzen. ($\longrightarrow$ Übung 4.7) Die Figur 4.7 zeigt ein Resultat für Beispiel 1.6. Als Aufsprungpunkt hat sich hier $S_f(0) = 38.94$ ergeben.

Algorithmus 4.11

Konstituiere $g(x, \tau)$.
Wähle θ (z.B. $\theta = 1/2$); wähle $1 \leq \omega < 2$ (z.B. $\omega = 1$).
Fixiere $x_{\min}$, $x_{\max}$, m, Δx; $\nu_{\max}$, $\Delta\tau$; ϵ Fehlerschranke.
Besetze Iterationsvektor w vor mit $g^{(0)}$.
Berechne λ und $\alpha := \lambda\theta$.

τ-Schleife: für $\nu = 1, 2, ..., \nu_{\max}$:
    $b_i := w_i + \lambda(1 - \theta)(w_{i+1} - 2w_i + w_{i-1})$ für $2 \leq i \leq m - 2$
    $b_1 := w_1 + \lambda(1 - \theta)(w_2 - 2w_1 + g_{0\nu}) + \alpha g_{0,\nu+1}$
    $b_{m-1} := w_{m-1} + \lambda(1 - \theta)(g_{m\nu} - 2w_{m-1} + w_{m-2}) + \alpha g_{m,\nu+1}$
    Setze $v = \max(w, g^{(\nu+1)})$ (v ist der Iterationsvektor des Projektions–SOR.)

    SOR-Schleife: für $k = 1, 2, ...$:
        Solange $\|v^{\text{neu}} - v\|_2 > \epsilon$:
        für $i = 1, 2, ..., m - 1$:
            $\rho := (b_i + \alpha(v_{i-1}^{\text{neu}} + v_{i+1}))/(1 + 2\alpha)$
            $v_i^{\text{neu}} = \max\{g_{i,\nu+1}, v_i + \omega(\rho - v_i)\}$
        $v := v^{\text{neu}}$
    $w^{(\nu+1)} = w = v$

Europäische Optionen:

Durch Austausch der Zeile
    $v_i^{\text{neu}} = \max\{g_{i,\nu+1}, v_i + \omega(\rho - v_i)\}$
gegen die Anweisung
    $v_i^{\text{neu}} = v_i + \omega(\rho - v_i)$

spezialisiert sich die Projektions-SOR auf die SOR zur iterativen Lösung von $Aw = b$ (ohne $w \geq g$). Damit ist das Programm mit geringfügiger Änderung auch für europäische Optionen einsetzbar (weniger effizient als LR–Zerlegung von A oder Anwendung der analytischen Lösungsformel).

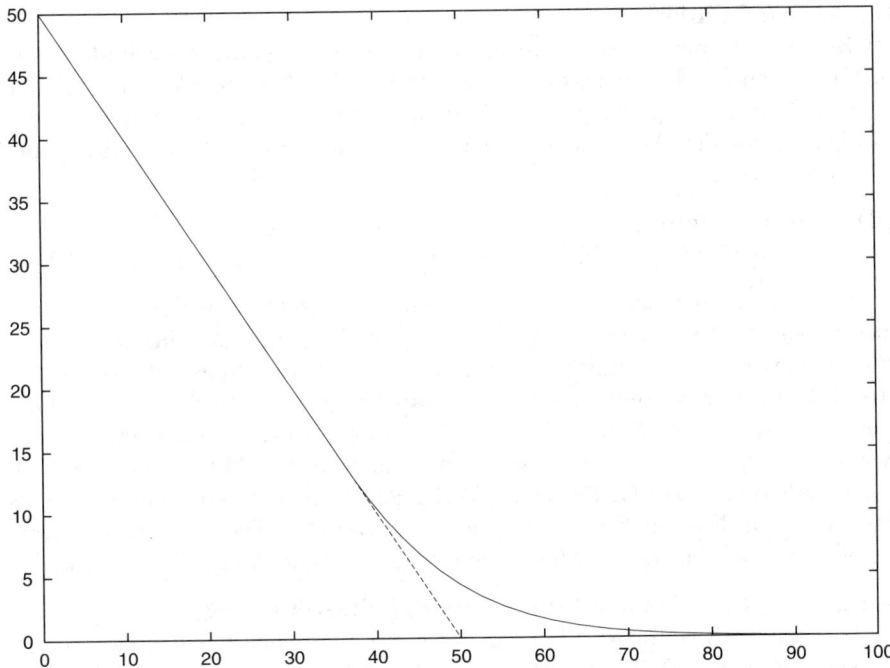

Fig. 4.7. Beispiel 1.6, Amerikanischer Put, $V(S, 0)$ (durchgezogene Kurve) und $V(S, T)$ (gestrichelte Linie)

4.7 Zur Genauigkeit

Ein mit den Methoden dieses Kapitels berechnetes Resultat ist zwangsläufig in mehrfacher Weise fehlerbehaftet. Die zu erwartenden Fehler wurden bereits erwähnt; sie werden hier im Zusammenhang aufgelistet.

(a) Modellfehler
   Wie bereits früher erwähnt, sind die Annahmen der Black-Scholes-Modellierung einschneidend. Die Wirklichkeit wird die Annahmen nicht exakt erfüllen. Auch sind die Parameter der Gleichung (wie die Volatilität σ) nicht genau bekannt. Damit sind die Gleichungen des Modells nur als Näherungen anzusehen.

(b) Diskretisierungsfehler
   Die kontinuierlichen partiellen Differentialgleichungen werden mit Hilfe eines Gitters diskretisiert. Die Lösungen des diskreten Problems unterscheiden sich von den Lösungen des kontinuierlichen Problems. Zum Beispiel ist der Diskretisierungsfehler vom Crank-Nicolson-Verfahren von der Ordnung $O(\Delta^2)$, wo Δ ein Maß für die Gitterweite ist.

(c) Abbruchfehler

Konvergenz bei der iterativen Lösung der auftretenden Gleichungssysteme bedeutet, dass der Fehler gegen 0 geht für $k \to \infty$. Aus praktischen Gründen muss die Iteration bei einem endlichen k_{max} abgebrochen werden, damit der Aufwand begrenzt ist. Der letzte erreichte Fehler ist der Abbruchfehler.

(d) Rundungsfehler

Die endliche Stellenzahl l der Rechenmaschinen bewirkt Rundungsfehler.

Im allgemeinen hat man keine *genauen* Informationen über die Größe dieser Fehler. Typischerweise ist der Modellfehler größer als der Diskretisierungsfehler. Bei einem stabilen Verfahren sind die Rundungsfehler das kleinste Problem. Den Modellfehler hat der Numeriker am wenigsten in der Hand. Deswegen steuert er insbesondere den Diskretisierungsfehler. Hierzu haben wir qualitative Aussagen hergeleitet, etwa in Satz 4.4. Mit diesen qualitativen Überlegungen zur Ordnung der Verfahren ist die eigentliche in der Praxis entscheidende Fragestellung noch nicht beantwortet. Das Ziel wird es sein, unter Ausklammerung des Modellfehlers die folgende Aufgabe zu lösen.

Aufgabe 4.12   (Fernziel der Genauigkeitssteuerung)

Das exakte Resultat der Lösung der kontinuierlichen Gleichungen sei η^*. Die berechnete Näherung η für einen gegebenen Algorithmus hängt ab von Δ, von k_{max}, von der Wortlänge l des Computers, und vielleicht von weiteren Parametern:

$$\eta = \eta(\Delta, k_{max}, l)$$

Welche Δ, k_{max}, l sind zu wählen, dass η eine vorgegebene Genauigkeitsschranke ϵ erreicht, also

$$|\eta - \eta^*| < \epsilon$$

gilt?

Diese Frage lässt sich nicht exakt beantworten. Die exakte Größe des Fehlers bleibt im allgemeinen unbekannt. Um wenigstens die Größenordnung abzuschätzen, kann wie folgt vorgegangen werden.

Die Ordnungs-Aussage des Diskretisierungsfehlers wird zu der folgenden Gleichung vereinfacht:

$$\eta(\Delta) - \eta^* = \gamma \Delta^p \tag{4.37}$$

Dabei ist p die Ordnung des Verfahrens (z.B. $p = 2$) und γ eine zunächst unbekannte Konstante. Durch Berechnung von zwei Näherungen, etwa zu Δ_1 und Δ_2, kann γ berechnet werden. Hierzu werden die beiden Beziehungen

$$\eta_1 := \eta(\Delta_1) = \gamma \Delta_1^p + \eta^*$$
$$\eta_2 := \eta(\Delta_2) = \gamma \Delta_2^p + \eta^*$$

mit den berechneten Näherungen η_1 und η_2 subtrahiert, und man erhält

$$\gamma = \frac{\eta_1 - \eta_2}{\Delta_1^p - \Delta_2^p}.$$

Am einfachsten setzt man für die zweite Näherung die Gitterfeinheit $\Delta_2 = \frac{1}{2}\Delta_1$. Dann ergibt sich

$$\gamma \left(\frac{\Delta_1}{2}\right)^p = \frac{\eta_1 - \eta_2}{2^p - 1}, \qquad (4.38)$$

und speziell für $p = 2$

$$\gamma \Delta_1^2 = \tfrac{4}{3}(\eta_1 - \eta_2).$$

Wegen (4.37) ist also der absolute Fehler der Näherung η_1 gegeben durch

$$\tfrac{4}{3}|\eta_1 - \eta_2|$$

und der Fehler von η_2 durch (4.38).

Leider liefert auch ein solches Vorgehen keine Garantie, die Fehlerschranke ϵ zu unterschreiten. Der Grund ist die Vereinfachung in (4.37) und das Vernachlässigen von Abbruch- und Rundungsfehlern. Die hier als konstant angenommene Größe γ hängt von den Parametern des Modells ab, zum Beispiel von der Volatilität σ. Die obige Fehler-Faustregel (4.37)/(4.38) kann für europäische Optionen getestet werden, da hier die exakte Lösungsformel ($\longrightarrow$ Anhang A3) vorliegt. Diese muss zwar auch numerisch ausgewertet werden, aber die Fehler hierbei sind kleiner und beherrschbarer. Rückschlüsse auf die erzielbaren Genauigkeiten bei amerikanischen Optionen sind nicht zwingend.

Anmerkungen

Literatur zur Modellierung von Dividenden ist [WDH96]. Für weitere Literatur zur Numerik partieller Differentialgleichungen sei verwiesen auf [Mo96], [Sm78], [GR92], [CL90], [Th95], [Vi81]. Das Hindernisproblem in diesem Kapitel ist nach [WDH96] geschildert. Die allgemeine Definition eines linearen Komplementaritätsproblems ist

$$AB = 0, \quad A \geq 0, \quad B \geq 0,$$

wobei A und B hier Abkürzungen für komplexere Ausdrücke sind. Eine effiziente Realisierung mit Methoden der linearen Optimierung wird in [DH99] beschrieben.

Wegen der unsicheren Genauigkeit der Resultate scheint es nicht sinnvoll zu sein, Vermögen auf Grund solcher Rechnungen aufs Spiel zu setzen. Dem Leser, der einen Algorithmus mit Finiten Differenzen für europäische Optionen implementiert hat, ist angeraten, die Resultate mit denen der exakten Lösungsformel ($\longrightarrow$ Anhang A3) zu vergleichen. Natürlich ist letztere

bei einem reinen Black-Scholes-Problem mit europäischen Optionen vorzu-
ziehen. Die Finiten Differenzen wurden hier hergeleitet als Grundlage für
die Berechnung allgemeinerer Optionen, wie die amerikanische Option. Bei
exotischen Optionen können auch partielle Differentialgleichungen auftreten,
deren Lösungen von 3 unabhängigen Variablen abhängen [WDH96], [Bar97].
Hinweise auf weitere Verfahren finden sich in [RT97].

Eine optimale Wahl des Relaxationsparameters ω in Algorithmus 4.11
kann aufgrund der vorliegenden Erfahrungen nicht angegeben werden. Die
besten Erfahrungen machte der Autor mit $\omega = 1$.

Übungsaufgaben

Übung 4.1   Stetiger Dividendenfluss

Es sei angenommen, dass zu einer Aktie einmal jährlich eine Dividende D
ausschüttet wird. Hierzu soll der stetige Dividendenfluss δ ausgerechnet werden unter den Annahmen

$$\frac{\partial S}{\partial t} = -\delta S, \quad S(1) = S(0) - D > 0.$$

Welcher Wert für δ ergibt sich für $D = S(0)/10$?

Übung 4.2   Stabilität der impliziten Methode

Durch Lösen der Gleichung (4.11) ist ein implizites Verfahren definiert. Man
weise die Stabilität nach. Hierzu verwende man Ergebnisse von Abschnitt
4.2.4 und die Umformulierung $w^{(\nu)} = A^{-1} w^{(\nu-1)}$.

Übung 4.3   Crank-Nicolson: Ordnung $O(\Delta\tau^2)$

Die Funktion $y(x, \tau)$ löse die Gleichung

$$y_\tau = y_{xx}$$

und sei genügend glatt. Mit dem Differenzenquotient

$$\delta_x^2 w_{i\nu} := \frac{w_{i+1,\nu} - 2w_{i\nu} + w_{i-1,\nu}}{\Delta x^2}$$

lautet der lokale Abbrechfehler ϵ beim Crank-Nicolson-Verfahren

$$\epsilon := \frac{y_{i+1,\nu} - y_{i\nu}}{\Delta\tau} - \frac{1}{2}\left(\delta_x^2 y_{i\nu} + \delta_x^2 y_{i,\nu+1}\right).$$

Man zeige:

$$\epsilon = O(\Delta\tau^2) + O(\Delta x^2).$$

Übung 4.4   Arbitrage

Mit Arbitrage begründe man, warum (4.21) sinnvoll ist.

Übung 4.5

Man zeige, dass für die Randbedingungen der amerikanischen Optionen

$$\lim_{x \to \pm\infty} y(x, \tau) = \lim_{x \to \pm\infty} g(x, \tau)$$

gilt.

Übung 4.6   SOR-Verfahren: Iterative Lösung von $Ax = b$

Für die $n \times n$ Matrix $A = ((a_{ij}))$ gelte $A = D - L - U$, D Diagonalmatrix, L echte untere Dreiecksmatrix, U echte obere Dreiecksmatrix, $x \in \mathbb{R}^n$, $b \in \mathbb{R}^n$. Das *Gauß-Seidel-Verfahren* ist definiert als

$$(D - L)x^{(k)} = Ux^{(k-1)} + b$$

für $k = 1, 2, \ldots$. Man zeige mit

$$r_i^{(k)} := b_i - \sum_{j=1}^{i-1} a_{ij} x_j^{(k)} - \sum_{j=i}^{n} a_{ij} x_j^{(k-1)}$$

dass für $\omega = 1$ gilt

$$x_i^{(k)} = x_i^{(k-1)} + \omega \frac{r_i^{(k)}}{a_{ii}}.$$

Für $1 < \omega < 2$ heißt das Verfahren SOR (successive overrelaxation).

Übung 4.7

Man implementiere Algorithmus 4.11.
Testbeispiel: Beispiel 1.6 und andere.

Übung 4.8   Randbedingung des europäischen Call

Man beweise (4.19). Hinweise: Mit $S := \bar{S} \exp(\delta(T-t))$ transformiere man die Black-Scholes-Gleichung (4.1) in die dividendenfreie Version. Hieraus erhält man die Dividenden-Version von (4.18). Der Rest folgt mit der Transformation (4.3).

Übung 4.9   Glatter Einlauf des amerikanischen Put

Ein Portfolio bestehe aus einem amerikanischen Put und dem zugehörigen Basiswert, also $\Pi := V_P^{am} + S$, wo S der SDE (1.16) genüge. S_f ist der Aufsprungpunkt, vergleiche (4.22). Man zeige, dass

$$d\Pi = \begin{cases} 0 & \text{für } S < S_f \\ (\frac{\partial V_P^{am}}{\partial S} + 1)\sigma S dW + O(dt) & \text{für } S > S_f \end{cases}$$

gilt. Wie kann man hieraus

$$\frac{\partial V_{\mathrm{P}}^{\mathrm{am}}}{\partial S}(S_f(t), t) = -1$$

begründen?

Kapitel 5 Finite-Element-Methoden

Vom Ansatz her sind die Differenzenverfahren mit äquidistanten Gittern einfach zu verstehen und zu implementieren. Die gleichabständigen Rechtecksgitter sind bequem, aber in vielen Anwendungen nicht flexibel genug. Unterschiedlich steile Lösungsgradienten lassen sich mit variablen Gittern besser anpassen. Hierzu gibt es andere Zugänge als den der Differenzenverfahren. Die resultierende große Klasse von verschiedenartigen Methoden wird Finite-Element-Methoden genannt. Mit „Finitem Element" im engeren Sinn ist ein mathematischer Gegenstand wie ein Teilintervall oder ein zugehöriges Funktionsstück gemeint. Alternative Namen wie *Variationsmethoden* oder *Gewichtete Residuen* oder *Galerkin-Methoden* weisen weniger auf einen technischen Aspekt hin, sondern auf die zugrundeliegenden Prinzipien und Ansätze, mit denen Gleichungen hergeleitet werden. Diese Methoden sind nicht identisch, aber eng verwandt.

Im Angesicht des riesigen Gebietes von Finite-Element-Methoden beschränken wir uns in diesem Kapitel auf eine knappe Übersicht über verschiedene Zugänge und Ideen (in Abschnitt 5.1), und greifen dann in Abschnitt 5.2 die einfachsten „Finiten Elemente" heraus, nämlich Näherungen durch Polygonzüge. Diese Ansätze werden in Abschnitt 5.3 auf die Berechnung von Optionen angewendet. Schließlich führt Abschnitt 5.4 in Fehlerabschätzungen ein.

5.1 Gewichtete Residuen

Viele der Prinzipien, die Finiten-Element-Methoden zugrundeliegen, lassen sich als *gewichtete Residuen* deuten. Was sind das für Methoden?

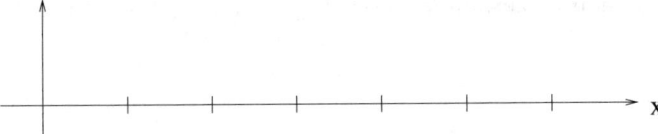

Fig. 5.1. Diskretisierung eines Kontinuums

Zwei Betrachtungsweisen eines diskretisierten Definitionsbereiches sind in Figur 5.1 anhand einer x-Achse illustriert: Die Diskretisierung ist repräsentiert entweder durch

(a) diskrete Gitterpunkte x_i, oder
(b) durch eine Menge von Teilintervallen.

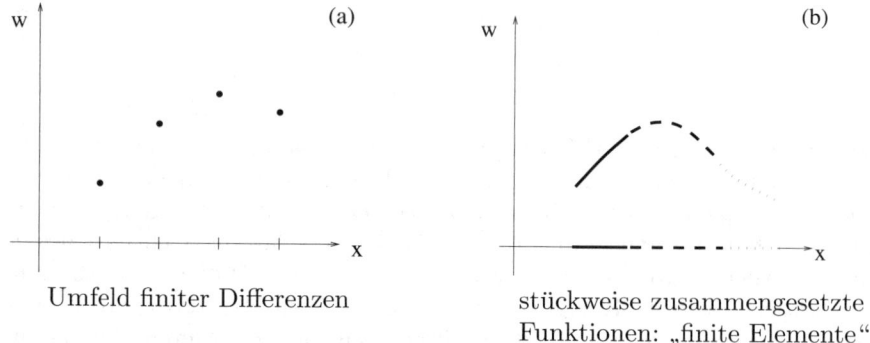

Umfeld finiter Differenzen   stückweise zusammengesetzte
                                   Funktionen: „finite Elemente"

Fig. 5.2. Zwei Arten von Näherungen

Jede dieser beiden Betrachtungsweisen definiert einen anderen Zugang zu einer Näherung w (vgl. Figur 5.2). Eine Näherung w über finite Differenzen stützt sich auf den Gitterpunkten auf und besteht zunächst aus Punkten (Figur 5.2a). Bei dem intervallweisen Vorgehen finiter Elemente bestehen die Näherungsansätze typischerweise aus stückweise zusammengesetzten Funktionen, die mit geeigneten Kriterien zu definieren sind (Figur 5.2b). Unter einem „finiten Element" versteht man das Paar, das aus einem Teilintervall und dem darauf definierten Funktionsstück besteht. Die Figur 5.2 reflektiert nur die jeweiligen grundlegenden Ansätze; in einem zweiten Arbeitsgang können die isolierten Punkte des Ergebnisses einer Rechnung mit finiten Differenzen natürlich sofort mit Interpolationsmethoden ($\longrightarrow$ Anhang A4) zu stückweisen Funktionen ergänzt werden. Die Figur 5.2 illustriert den eindimensionalen Fall; ein zweidimensionaler Bereich könnte zum Beispiel mit Dreiecken ausgelegt werden mit je einem Funktionsstück auf jedem Dreieck.

Wie wir unten sehen werden, erfolgen die Zugänge bei (b) über Integrale. Deswegen sind bei Finiten Elementen die Anforderungen an Differenzierbarkeit im allgemeinen geringer und die Ergebnisse insoweit häufig besser. Die Integrale sind entweder in natürlicher Weise gegeben etwa über Minimal–Prinzipien, oder werden künstlich erzeugt. Die stückweise definierten Funktionen werden aus Polynomen zusammengesetzt.

5.1.1 Prinzip der gewichteten Residuen

Das Prinzip der gewichteten Residuen erläutern wir für den formal einfachsten Fall einer Differentialgleichung

$$Lu = f. \tag{5.1}$$

Dabei ist L das Symbol für einen linearen Differentialoperator. Wichtige Beispiele sind

$$Lu := -u'' \quad \text{für} \quad u(x), \quad \text{oder} \tag{5.2a}$$

$$Lu := -u_{xx} - u_{yy} \quad \text{für} \quad u(x,y). \tag{5.2b}$$

Die Lösungen u der Differentialgleichung werden auf einem Definitionsgebiet $\Omega \subset \mathbb{R}^n$ betrachtet. Um Näherungen stückweise zu berechnen, wird zunächst eine Partition des Grundgebietes vorgenommen:

$$\Omega = \bigcup_{k=1}^{m} \Omega_k \tag{5.3}$$

Die Partition wird als disjunkt angenommen, $\Omega_j \cap \Omega_k = \emptyset$ für $j \neq k$. Zum Beispiel sind im eindimensionalen Fall ($n = 1$) die Ω_k Teilintervalle eines „ganzen" Intervalles Ω. Im zweidimensionalen Fall könnte (5.3) eine Partition in Dreiecke beschreiben.

Der Ansatz für Näherungen w zur Lösung u ist eine Basisdarstellung

$$w := \sum_{i=1}^{N} c_i \varphi_i. \tag{5.4}$$

Im Fall einer unabhängigen Variablen x sind die $c_i \in \mathbb{R}$ konstante Koeffizienten und die φ_i Funktionen von x. Die φ_i heißen **Basisfunktionen**, oder Formfunktionen. Die $\varphi_1, ..., \varphi_N$ sind typischerweise vorgegeben, während die unbekannten $c_1, ..., c_N$ so zu bestimmen sind, dass $w \approx u$.

Ein Weg zur Bestimmung der c_i führt über das Residuum

$$R := Lw - f. \tag{5.5}$$

Gesucht ist ein w derart, dass R „klein" ist! Da die φ_i vorgegeben sind, müssen wegen (5.4) N Bestimmungsgleichungen für die $c_1, ..., c_N$ aufgestellt werden. Hierzu wird das Residuum durch Einführen von N **Gewichtsfunktionen** $\psi_1, ..., \psi_N$ gewichtet. Man verlangt

$$\boxed{\int_{\Omega} R\psi_j \, dx = 0 \quad \text{für} \quad j = 1, ..., N} \tag{5.6}$$

Das „dx" steht hier als Symbol für die zu $\Omega \subset \mathbb{R}^n$ passende Integration; wir werden es häufig weglassen. Das Gleichungssystem (5.6) besteht aus N Gleichungen

$$\int_\Omega Lw\psi_j = \int_\Omega f\psi_j \quad (j = 1, ..., N) \tag{5.7}$$

für N Unbekannte c_i, die in w stecken. Für (5.7) wird auch die praktische Skalarprodukt–Schreibweise

$$(Lw, \psi_j) = (f, \psi_j)$$

verwendet. Wenn L linear ist, ergibt sich wegen (5.4)

$$\int Lw\psi_j = \int \left(\sum_i c_i L\varphi_i \right) \psi_j = \sum_i c_i \underbrace{\int L\varphi_i\psi_j}_{=:a_{ij}}.$$

Setzten wir die a_{ij} zu einer Matrix A zusammen und die $r_j := \int f\psi_j$ zu einem Vektor r, so resultiert ein lineares Gleichungssystem für den Vektor $c = (c_1, ..., c_N)^{tr}$:

$$Ac = r \tag{5.8}$$

Über die Basisfunktionen φ_i und die Gewichtsfunktionen ψ_j haben wir noch nicht verfügt. Wegen der Wahlfreiheit der φ_i (*trial functions*) und ψ_j (*test functions*) sind diverse Methoden möglich. Zunächst nehmen wir an, dass die jeweiligen Funktionen so oft wie nötig differenzierbar oder integrierbar sind. Die Diskussion der Funktionenklassen wird erst in Abschnitt 5.4 aufgenommen.

5.1.2 Beispiele für Gewichtsfunktionen

Im folgenden werden wichtige Beispiele für die Wahl von Gewichtsfunktionen ψ aufgelistet:

1.) **Galerkin-Methode**, auch Bubnov-Galerkin-Methode:
Wahl $\psi_j := \varphi_j$. Dann gilt $a_{ij} = \int L\varphi_i\varphi_j$

2.) **Kollokation:**
Wahl $\psi_j := \delta(x - x_j)$. Hierbei ist δ Diracs Delta Funktion. Sie hat im $\mathbb{R}^1$ die Eigenschaft: $\int f\delta(x - x_j)dx = f(x_j)$.
Folgerungen sind

$$\int Lw\psi_j = Lw(x_j),$$

$$\int f\psi_j = f(x_j).$$

Es resultiert also das Gleichungssystem $Lw(x_j) = f(x_j)$, das heißt die Differentialgleichung wird an ausgewählten Punkten x_j ausgewertet.

3.) **least squares:**

$$\psi_j := \frac{\partial R}{\partial c_j}$$

Dieser Ansatz kommt zu seinem Namen *least-squares*, weil zur Minimierung von $\int (R(c_1, ..., c_N))^2$ das notwendige Kriterium das Verschwinden des Gradienten ist, also

$$\int_\Omega R \frac{\partial R}{\partial c_j} = 0 \quad \text{für alle } j.$$

4.) **subdomain:**

$$\psi_k = \begin{cases} 1 & \text{in } \Omega_k \\ 0 & \text{für } x \notin \Omega_k \end{cases}$$

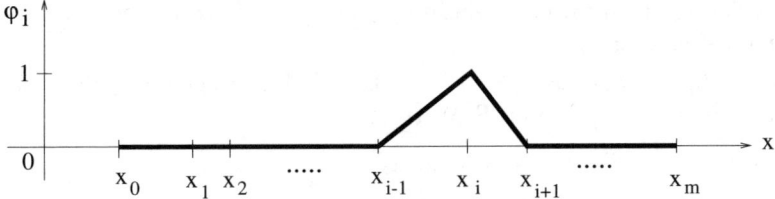

Fig. 5.3. „Hutfunktion": einfache Wahl für finite Elemente

5.1.3 Beispiele für Basisfunktionen

Für die Wahl geeigneter Basisfunktionen φ werden zwei Aspekte im Vordergrund stehen: Zum einen sollen die Methoden möglichst genau werden, und zum anderen müssen sie sich effizient darstellen lassen. Zu letzterem ist ein erstrebenswertes Ziel, dass die auftretenden Matrizen (wie A) dünnbesiedelt sind (*sparse*). Das wird durch die Forderung erreicht, dass $\varphi_j = 0$ auf den meisten Ω_k. Ein Beispiel zeigt die Figur 5.3 für den Fall $n = 1$. Diese „Hutfunktion" ist das einfachste Beispiel für finite Elemente. Jede dieser stückweise linearen Funktionen hat einen Träger, der nur aus zwei Teilintervallen besteht, $\varphi_j(x) \neq 0$ für $x \in$ Träger. Es folgt

$$\int_\Omega \varphi_i \varphi_j = 0 \quad \text{für } |i - j| > 1, \tag{5.9}$$

ebenso wie eine analoge Beziehung für $\int \varphi_i' \varphi_j'$. Den Hutfunktionen wenden wir uns im folgenden Abschnitt 5.2 zu. Die nächstkomplizierteren Basisfunktionen werden wie Splines aus Polynom-Stücken von höherem Grad zusammengesetzt. ($\longrightarrow$ Aufgabe 5.1)

Hinweis für $Lu = -u''$, $u, \varphi, \psi \in \{u : u(0) = u(1) = 0\}$:

Durch partielle Integration folgt

$$\int_0^1 \varphi'' \psi = -\int_0^1 \varphi' \psi' = \int_0^1 \varphi \psi'';$$

wegen den Randbedingungen $u(0) = u(1) = 0$ verschwinden die herausinte-grierten Bestandteile. Diese drei Versionen des Integrals unterscheiden sich durch ihre Glattheitsanforderungen für φ und ψ. Zu den partiellen Integra-tionen und den zugelassenen Funktionen werden wir in Abschnitt 5.4 (mit Anhang A6) zurückkehren.

5.2 Galerkin-Ansatz mit Hutfunktionen

Finite Differenzen führen nur bei äquidistantem Gitter zu einfachen Formeln. Äquidistanz der x_i ist in unserem Zusammenhang der Berechnung von Op-tionen eher ungeschickt:

Beispiel: $E = 50$, $m = 20$, $x_{\min} = -5 = -x_{\max}$ führt wegen $S = Ee^x$ bei äquidistanten x_i zu den diskreten S–Werten:

$$S_1 = 0.5554...$$
$$S_2 = 0.915...$$
$$\vdots$$
$$S_9 = 30.32$$
$$S_{10} = 50.$$
$$S_{11} = 82.436$$
$$\vdots$$
$$S_{19} = 4500.85$$

In dem interessanten Bereich von $S \approx E$ (d.h. $x \approx 0$) sind die S_i unpraktisch „krumme" Zahlen. Auch ist der Abstand zwischen S_9 und S_{10} im Hinblick auf Genaugkeit zu groß. Für die Anwendung bei Optionen wären äquidistante S_i geschickt und demzufolge nichtäquidistante x_i. Hier sind finite Elemente flexibler.

5.2.1 Hutfunktionen

Für Hutfunktionen führen wir nun den Prototyp einer Finite-Element-Metho-de vor. Zunächst werden die φ_i (vergleiche die Figuren 5.3 und 5.4) formal definiert.

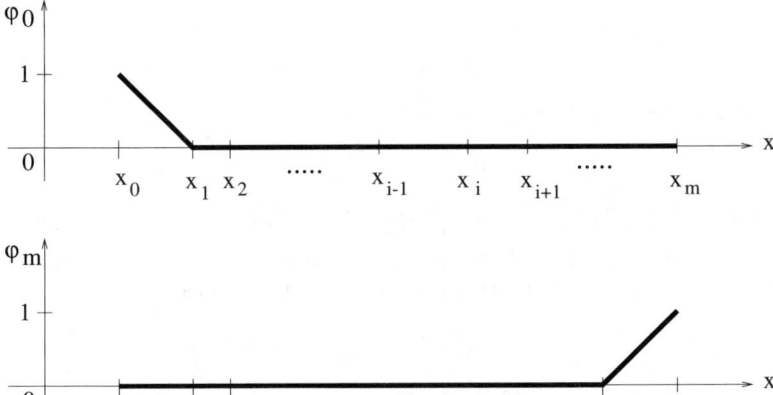

Fig. 5.4 Spezielle „Hutfunktionen" φ_0 und φ_m

Definition 5.1 (Hutfunktionen)

Für $1 \leq i \leq m - 1$ setze

$$\varphi_i(x) := \begin{cases} \dfrac{x - x_{i-1}}{x_i - x_{i-1}} & \text{für } x_{i-1} \leq x < x_i \\ \dfrac{x_{i+1} - x}{x_{i+1} - x_i} & \text{für } x_i \leq x < x_{i+1} \\ 0 & \text{sonst} \end{cases}$$

und für die Randfunktionen

$$\varphi_0(x) := \begin{cases} \dfrac{x_1 - x}{x_1 - x_0} & \text{für } x_0 \leq x < x_1 \\ 0 & \text{sonst} \end{cases}$$

$$\varphi_m(x) := \begin{cases} \dfrac{x - x_{m-1}}{x_m - x_{m-1}} & \text{für } x_{m-1} \leq x \leq x_m \\ 0 & \text{sonst.} \end{cases}$$

Für diese $m + 1$ Hutfunktionen gelten die

Eigenschaften 5.2

(a) Die $\varphi_0, ..., \varphi_m$ bilden eine Basis für den Raum der Polygonzüge

$$\{g \in \mathcal{C}^0[x_0, x_m] : \ g \ \text{Gerade auf } \Omega_k := [x_{k-1}, x_k] \ \text{für alle } k = 1, ..., m\}.$$

Das heißt, dass es für jeden Polygonzug v auf $\Omega_1, ..., \Omega_m$ eindeutige Koeffizienten $c_0, ..., c_m$ gibt mit

$$v = \sum_{i=0}^{m} c_i \varphi_i.$$

(b) Auf Ω_k sind nur φ_k und $\varphi_{k+1} \neq 0$. Also gilt

$$\varphi_i \varphi_k = 0 \quad \text{für} \quad |i - k| > 1.$$

(c) Eine einfache Näherung kann für $\int_{x_0}^{x_m} f\varphi_j \, dx$ wie folgt berechnet werden: Ersetze f durch den interpolierenden Polygonzug $f_P := \sum_{i=0}^{m} f_i \varphi_i$ mit $f_i := f(x_i)$ und erhalte für jedes j das Näherungs-Integral

$$I_j := \int_{x_0}^{x_m} f_P \varphi_j \, dx = \int_{x_0}^{x_m} \sum_{i=0}^{m} f_i \varphi_i \varphi_j \, dx = \sum_{i=0}^{m} f_i \underbrace{\int_{x_0}^{x_m} \varphi_i \varphi_j \, dx}_{=:b_{ji}}$$

Die b_{ij} bilden eine symmetrische Matrix B und die f_i einen Vektor $\bar{f}$. Angeordnet als skalare Komponenten I_j eines Vektors ($0 \leq j \leq m$) lassen sich alle Integrale kompakt in Vektornotation als

$$B\bar{f}$$

schreiben.

(d) Die „große" $(m+1)^2$–Matrix $B := (b_{ij})$ kann elementweise aus (2×2)-Matrizen zusammengesetzt werden. Die (2×2)-Matrizen sind diejenigen Integrale, die nur über die einzelnen Ω_k integrieren. Für jedes Ω_k sind $\neq 0$ genau die vier Integrale

$$\int_{x_k}^{x_{k+1}} \begin{pmatrix} \varphi_k^2 & \varphi_k \varphi_{k+1} \\ \varphi_{k+1} \varphi_k & \varphi_{k+1}^2 \end{pmatrix} dx.$$

(Das Integral über die Matrix ist elementweise zu verstehen.) Das sind die Integrale auf Ω_k über jeweils ein Produkt der Faktoren

$$\frac{x_{k+1} - x}{x_{k+1} - x_k} \quad \text{und} \quad \frac{x - x_k}{x_{k+1} - x_k}.$$

Es resultieren die vier Zahlen

$$\frac{1}{(x_{k+1} - x_k)^2} \int_{x_k}^{x_{k+1}} \begin{pmatrix} (x_{k+1} - x)^2 & (x_{k+1} - x)(x - x_k) \\ (x - x_k)(x_{k+1} - x) & (x - x_k)^2 \end{pmatrix} dx.$$

Mit $h_k := x_{k+1} - x_k$ ist dies ($\longrightarrow$ Übung 5.2) die *Element–Massenmatrix*

$$\frac{1}{6} h_k \begin{pmatrix} 2 & 1 \\ 1 & 2 \end{pmatrix}$$

(e) Analog gilt für die Ableitung φ'

$$\int_{x_k}^{x_{k+1}} \begin{pmatrix} \varphi_k'^2 & \varphi_k' \varphi_{k+1}' \\ \varphi_{k+1}' \varphi_k' & \varphi_{k+1}'^2 \end{pmatrix} \, dx$$

$$= \frac{1}{h_k^2} \int_{x_k}^{x_{k+1}} \begin{pmatrix} (-1)^2 & (-1)1 \\ 1(-1) & 1^2 \end{pmatrix} \, dx = \frac{1}{h_k} \begin{pmatrix} 1 & -1 \\ -1 & 1 \end{pmatrix}$$

Diese Matrizen heißen *Element–Steifigkeitsmatrizen*, aus ihnen kann die Matrix A zusammengesetzt werden.

5.2.2 Eine einfache Anwendung

Um zu demonstrieren, wie die Elementmatrizen zu den „großen" Matrizen A und B zusammengesetzt werden, betrachten wir als Modellproblem die einfache Randwertaufgabe

$$Lu := -u'' = f(x) \quad \text{mit} \ \ u(x_0) = u(x_m) = 0. \tag{5.10}$$

Ein Galerkin-Ansatz mit $w := \sum_{i=0}^{m} c_i \varphi_i$ wird in die Differentialgleichung eingesetzt und führt nach (5.7) auf

$$\sum_{i=0}^{m} c_i \int_{x_0}^{x_m} L\varphi_i \varphi_j \, dx = \int_{x_0}^{x_m} f\varphi_j \, dx.$$

Partielle Integration auf der linken Seite und Anwendung der Eigenschaft 5.2(c) auf der rechten Seite ergibt das vorläufige System von Gleichungen

$$\sum_{i=0}^{m} c_i \underbrace{\int_{x_0}^{x_m} \varphi_i' \varphi_j' \, dx}_{a_{ij}} = \sum_{i=0}^{m} f_i \underbrace{\int_{x_0}^{x_m} \varphi_i \varphi_j \, dx}_{b_{ij}}, \quad j = 0, 1, ..., m; \tag{5.11}$$

die homogenen Randbedingungen $u(x_0) = u(x_m) = 0$ werden wir erst später aufprägen. Wegen

$$\int_{x_0}^{x_m} = \sum_{k=0}^{m-1} \int_{\Omega_k}$$

können die „großen" Matrizen $A = (a_{ij})$ und $B = (b_{ij})$ *additiv* aus den (2×2)-Element-Matrizen zusammengesetzt werden. Wie oben hergeleitet, sind auf dem Teilintervall

$$\Omega_k = \{ x \mid x_k \leq x \leq x_{k+1} \}$$

nur diejenigen Integrale über $\varphi_i' \varphi_j'$ und $\varphi_i \varphi_j$ von 0 verschieden, für die gilt

$$i, j \in \{k, k+1\}. \tag{5.12}$$

Der Verteilungsalgorithmus (*assembling*) arbeitet eine Schleife über den Teilintervall-Index k ab und verteilt die (2×2)-Element-Matrizen additiv auf die Positionen (i, j) nach (5.12). Für $k = 0, ..., m - 1$ ergibt sich beispielsweise für A die $(m + 1)^2$-Matrix mit Tridiagonalgestalt

$$
\begin{pmatrix}
\frac{1}{h_0} & -\frac{1}{h_0} & & & \\
-\frac{1}{h_0} & \frac{1}{h_0} + \frac{1}{h_1} & -\frac{1}{h_1} & & \\
& -\frac{1}{h_1} & \frac{1}{h_1} + \frac{1}{h_2} & -\frac{1}{h_2} & \\
& & -\frac{1}{h_2} & \ddots & \ddots \\
& & & & \ddots
\end{pmatrix}
\tag{5.13a}
$$

Speziell bei äquidistantem Gitter mit $h = h_k$ gilt

$$
A = \frac{1}{h}
\begin{pmatrix}
1 & -1 & & & & 0 \\
-1 & 2 & -1 & & & \\
& -1 & 2 & \ddots & & \\
& & \ddots & \ddots & \ddots & \\
& & & \ddots & 2 & -1 \\
0 & & & & -1 & 1
\end{pmatrix}
\tag{5.13b}
$$

Das vorläufige Gleichungssystem (5.11) kann hiermit als

$$
Ac = B\bar{f}
\tag{5.14}
$$

geschrieben werden.

Es ist leicht zu sehen, dass die Matrix A von (5.13b) singulär ist, es gilt nämlich $A(1, 1, ..., 1)^{tr} = 0$. Die Singularität bedeutet, dass das System (5.14) nicht eindeutig lösbar ist. Eindeutige Lösbarkeit wird erst durch Berücksichtigung der Randbedingungen erreicht; eine Lösung u von $-u'' = f$ muss durch wenigstens eine Randbedingung fixiert werden. Bei unserem Beispiel (5.10) gilt wegen $u(x_0) = u(x_m) = 0$, dass für die Koeffizienten $c_0 = c_m = 0$ gelten muss und c_0, c_m also bekannt sind. Die Randbedingungen werden dem System (5.11) wie folgt aufgeprägt: Die erste skalare Gleichung ($j = 0$) des Systems (5.11)/(5.14) entfällt wegen $c_0 = 0$, ebenso wie die letzte ($j = m$) wegen $c_m = 0$. Das Gleichungssystem lautet dann bei äquidistantem Gitter

$$
\begin{pmatrix}
2 & -1 & & & 0 \\
-1 & 2 & \ddots & & \\
& \ddots & \ddots & \ddots & \\
& & \ddots & 2 & -1 \\
0 & & & -1 & 2
\end{pmatrix}
\begin{pmatrix}
c_1 \\
c_2 \\
\vdots \\
c_{m-1} \\
c_{m-1}
\end{pmatrix}
=
$$

$$
\frac{h^2}{6}
\begin{pmatrix}
1 & 4 & 1 & & & 0 \\
& 1 & 4 & 1 & & \\
& & \ddots & \ddots & \ddots & \\
& & & 1 & 4 & 1 \\
0 & & & & 1 & 4 & 1
\end{pmatrix}
\begin{pmatrix}
f_0 \\
f_1 \\
\vdots \\
f_{m-1} \\
f_m
\end{pmatrix}
\tag{5.15}
$$

Die Äquidistanz des Gitters diente hier nur der einfacheren Darstellung. Die eigentlich interessante nichtäquidistante Version lässt sich leicht implementieren. Wegen der häufigen Anwendung von Finite-Element-Methoden in der Strukturmechanik heißt die globale Matrix A auch **Steifigkeitsmatrix**, B heißt **Massenmatrix**.

5.3 Anwendung auf Optionen

Analog zum einfachen Hindernisproblem (Abschnitt 4.5.3) kann auch das Problem der Berechnung amerikanischer Optionen als **Variations-Ungleichung** formuliert werden. Die Klasse der Konkurrenzfunktionen ist hier definiert als

$$\mathcal{K} = \{v \in \mathcal{C}^0 : \frac{\partial v}{\partial x} \text{ stückweise } \mathcal{C}^0, \ v(x,\tau) \geq g(x,\tau) \text{ für alle } x, \tau, \tag{5.16}$$
$$v(x_{\max},\tau) = 0, \ v(x_{\min},\tau) = g(x_{\min},\tau), \ v(x,0) = g(x,0)\}.$$

Aus

$$v \geq g, \quad \frac{\partial y}{\partial \tau} - \frac{\partial^2 y}{\partial x^2} \geq 0$$

folgt

$$\int_{x_{\min}}^{x_{\max}} \left(\frac{\partial y}{\partial \tau} - \frac{\partial^2 y}{\partial x^2} \right) (v - g) \, dx \geq 0.$$

Weiter gilt

$$\int_{x_{\min}}^{x_{\max}} \left(\frac{\partial y}{\partial \tau} - \frac{\partial^2 y}{\partial x^2} \right) (y - g) \, dx = 0.$$

Subtraktion liefert

$$\int_{x_{\min}}^{x_{\max}} \left(\frac{\partial y}{\partial \tau} - \frac{\partial^2 y}{\partial x^2} \right) (v - y) \, dx \geq 0.$$

Durch partielle Integration erhält man schließlich

$$\int_{x_{\min}}^{x_{\max}} \left(\frac{\partial y}{\partial \tau}(v - y) + \frac{\partial y}{\partial x} \left(\frac{\partial v}{\partial x} - \frac{\partial y}{\partial x} \right) \right) dx - \frac{\partial y}{\partial x}(v - y) \Big|_{x_{\min}}^{x_{\max}} \geq 0$$

Wiederum verschwindet der herausintegrierte Term, weil am Rand, also für $x_{\min}$, $x_{\max}$, die Gleichheit $v = y$ gilt. Das Resultat ist

$$\int_{x_{\min}}^{x_{\max}} \left(\frac{\partial y}{\partial \tau} \cdot (v - y) + \frac{\partial y}{\partial x} \left(\frac{\partial v}{\partial x} - \frac{\partial y}{\partial x} \right) \right) dx \geq 0 \quad \text{für alle } v \in \mathcal{K}. \tag{5.17}$$

Für $v = y$ erhält das Integral seinen minimalen Wert 0, also haben wir ein Minimierungsproblem formuliert: Gesucht ist ein $y \in \mathcal{K}$ so dass das Integral in (5.17) für alle $v \in \mathcal{K}$ minimal wird. Weil in dieser Formulierung *nicht* $y \in \mathcal{C}^2$ benötigt wird, heißt diese Fassung unseres Problems auch *schwache Version*; Lösungen y, die zwar global stetig sind aber nur stückweise $\in \mathcal{C}^1$ heißen **schwache Lösungen**. Die ursprüngliche partielle Differentialgleichung verlangt mit $y \in \mathcal{C}^2$ höhere Glattheit. Solche $\mathcal{C}^2$-Lösungen heißen „starke Lösungen" oder „klassische Lösungen" ($\longrightarrow$ Abschnitt 5.4).

Die Ungleichung (5.17) soll nun mit Finite-Element-Methoden gelöst werden. Der Ansatz für die Näherungen ist für y und v gleichartig:

$$\sum_i w_i(\tau)\varphi_i(x) \quad \text{für } y,$$

$$\sum_i v_i(\tau)\varphi_i(x) \quad \text{für } v.$$

Die Zeitabhängigkeit steckt also in den Koeffizienten(-funktionen) w_i und v_i. Einsetzen in (5.17) liefert

$$\int \left\{ \left(\sum_i \frac{dw_i}{d\tau}\varphi_i \right) \left(\sum_j (v_j - w_j)\varphi_j \right) + \right.$$

$$\left. \left(\sum_i w_i \varphi_i' \right) \left(\sum_j (v_j - w_j)\varphi_j' \right) \right\} dx$$

$$= \sum_i \sum_j \frac{dw_i}{d\tau}(v_j - w_j) \int \varphi_i \varphi_j dx + \sum_i \sum_j w_i(v_j - w_j) \int \varphi_i' \varphi_j' dx \geq 0.$$

Übersetzt in Vektorschreibweise lautet dies

$$\left(\frac{dw}{d\tau} \right)^{tr} B(v - w) + w^{tr}A(v - w) \geq 0$$

oder

$$(v - w)^{tr} \left(B\frac{dw}{d\tau} + Aw \right) \geq 0.$$

Zur Einführung einer Zeit–Diskretisierung setzen wir die Vektoren

$$w^{(\nu)} := w(\tau_\nu), \quad v^{(\nu)} := v(\tau_\nu)$$

und erhalten

$$\left(v^{(\nu+1)} - w^{(\nu+1)} \right)^{tr} \left(B\frac{1}{\Delta\tau}(w^{(\nu+1)} - w^{(\nu)}) + \theta Aw^{(\nu+1)} + (1 - \theta)Aw^{(\nu)} \right) \geq 0.$$

$$(5.18)$$

Wie in Kapitel 4 ist dies für $\theta = 1/2$ ein Crank-Nicolson-Ansatz.

Nebenbedingungen
$y(x, \tau) \geq g(x, \tau)$ bedeutet

$$\sum w_i(\tau)\varphi_i(x) \geq g(x,\tau).$$

Für Hutfunktionen φ_i (mit $\varphi_i(x_i) = 1$ und $\varphi_i(x_j) = 0$ für $j \neq i$) und $x = x_j$ folgt $w_j(\tau) \geq g(x_j, \tau)$ und mit $\tau = \tau_\nu$

$$w^{(\nu)} \geq g^{(\nu)}; \quad \text{analog } v^{(\nu)} \geq g^{(\nu)}.$$

Ein Umsortieren von (5.18) ergibt

$$\left(v^{(\nu+1)} - w^{(\nu+1)}\right)^{tr} \left((B + \Delta\tau\theta A)\, w^{(\nu+1)} + (\Delta\tau(1 - \theta)A - B)\, w^{(\nu)}\right) \geq 0.$$

Mit den Abkürzungen

$$r := (B - \Delta\tau(1 - \theta)A)w^{(\nu)}$$
$$C := B + \Delta\tau\theta A$$

lautet die Ungleichung

$$(v^{(\nu+1)} - w^{(\nu+1)})^{tr} \left(Cw^{(\nu+1)} - r\right) \geq 0.$$

Für jede Zeitschicht ν ist hierzu eine Lösung zu finden unter der Nebenbedingung

$$w^{(\nu+1)} \geq g^{(\nu+1)} \quad \text{für alle } v^{(\nu+1)} \geq g^{(\nu+1)}.$$

Damit lautet der Algorithmus wie folgt:

Algorithmus 5.3   (Finite Elemente für Optionen)

$\theta := 1/2$. Berechne $w^{(0)}$

Für $\nu = 1, ..., \nu_{\max}$:

Berechne $r = (B - \Delta\tau(1 - \theta)A)w^{(\nu-1)}$ und $g = g^{(\nu)}$

Suche w derart, dass für alle $v \geq g$ gilt

$\quad (v - w)^{tr}(Cw - r) \geq 0, \quad w \geq g$

Setze $w^{(\nu)} := w$

Der Kern dieses Algorithmus, die hauptsächlich zu leistende Arbeit, sei noch einmal herausgehoben:

(FE)
$$\boxed{\begin{array}{l} \text{Suche } w \text{ so dass für alle } v \geq g \text{ gilt} \\ (v - w)^{tr}(Cw - r) \geq 0, \quad w \geq g \end{array}}$$
(5.19)

Diese Aufgabe (**FE**) kann umformuliert werden in eine Aufgabe, die schon in Abschnitt 4.6 gelöst wurde. Hierzu wiederholen wir die Finite-Differenzen-Gleichung (4.32), ersetzen dabei A durch C, b durch r, und bezeichnen sie mit (**FD**):

$$(\textbf{FD}) \qquad \boxed{\begin{aligned} &Cw - r \geq 0, \quad w \geq g \\ &(Cw - r)^{tr}(w - g) = 0 \end{aligned}} \qquad (5.20)$$

Satz 5.4

Die Lösung des Problems (**FE**) ist äquivalent zur Lösung des Problems (**FD**).

Beweis:

a) (**FD**) $\implies$ (**FE**):

$$(v - w)^{tr}(Cw - r) = (v - g)^{tr}(Cw - r) - \underbrace{(w - g)^{tr}(Cw - r)}_{=0}$$

also: $(v - w)^{tr}(Cw - r) \geq 0$ für alle $v \geq g$

b) (**FE**) $\implies$ (**FD**):

$$v^{tr}(Cw - r) \geq w^{tr}(Cw - r) \quad \text{für alle } v \in \mathcal{K}$$

Annahme: eine Komponente von $Cw - r$ ist negativ: die k-te.
Wähle v_k beliebig groß $\implies$ linke Seite beliebig klein: Widerspruch.
Also: $Cw - r \geq 0$
$w \geq g \implies (w - g)^{tr}(Cw - r) \geq 0$
Setze in (**FE**) $v = g$, dann $(w - g)^{tr}(Cw - r) \leq 0$.
Also: $(w - g)^{tr}(Cw - r) = 0$.

Folgerung: Die Lösung des Finite-Element-Problems (**FE**) kann mit dem Projektions-SOR nach Cryer erfolgen, mit dem wir das Problem (**FD**) gelöst hatten, vergleiche Abschnitt 4.6 ($\longrightarrow$ Übung 5.3).

5.4 Fehlerabschätzungen

Die Ähnlichkeit der Finite-Element-Gleichung (5.15) mit Finite-Differenzen-Gleichungen legt die Erwartung nahe, dass der Fehler von der gleichen Ordnung ist. Numerische Experimente bestätigen, dass der Finite-Element-Ansatz mit den linearen Basisfunktionen nach Definition 5.1 („Hutfunktionen") zu Fehlern führt, die quadratisch mit der Gitterweite abnehmen. Der Nachweis ist bei Finiten Elementen jedoch schwieriger, da für die schwachen Lösungen geringere Glattheit vorausgesetzt wird. Dieser Abschnitt schildert

Grundlagen. Zunächst werden einige bereits oben verwendete Begriffe vertieft.

5.4.1 Klassische und schwache Lösungen

Zur Veranschaulichung stützen wir uns auf das Modellproblem (5.10), also auf die einfache Differentialgleichung 2. Ordnung

$$-u'' = f(x) \quad \text{für } \alpha < x < \beta \tag{5.21a}$$

mit homogenen Dirichlet-Randbedingungen

$$u(\alpha) = u(\beta) = 0. \tag{5.21b}$$

Die Differentialgleichung ist von der Form $Lu = f$, vergleiche (5.2). Der Definitionsbereich $\Omega \subset \mathbb{R}^n$ für Funktionen u reduziert sich hier auf $n = 1$ mit dem offenen und beschränkten Intervall $\Omega = \{x \in \mathbb{R}^1 : \alpha < x < \beta\}$. Für stetige f muss für Lösungen der Differentialgleichung (5.21a) $u \in \mathcal{C}^2(\Omega)$ gelten. Damit die Randbedingungen wirksam sind, muss jede Lösung u auf Ω einschließlich des Randes stetig sein. Bezeichnet man den Rand von Ω mit $\partial\Omega$, so ist $u \in \mathcal{C}^0(\bar{\Omega})$ zu fordern mit $\bar{\Omega} := \Omega \cup \partial\Omega$. Insgesamt ist für klassische Lösungen von Differentialgleichungen 2. Ordnung als Glattheit

$$u \in \mathcal{C}^2(\Omega) \cap \mathcal{C}^0(\bar{\Omega}) \tag{5.22}$$

vorauszusetzen. Der Funktionenraum $\mathcal{C}^2(\Omega) \cap \mathcal{C}^0(\bar{\Omega})$ ist noch weiter einzuschränken durch Aufprägung der Randbedingungen.

Für schwache Lösungen ist der Funktionenraum größer ($\longrightarrow$ Anhang A6). Für Funktionen u und v ist das Skalarprodukt

$$(u, v) := \int_\Omega uv \, dx \tag{5.23}$$

definiert. Für klassische Lösungen u von $Lu = f$ gilt

$$(Lu, v) = (f, v) \quad \text{für alle } v. \tag{5.24}$$

Speziell für das Modellproblem (5.21) folgt mit partieller Integration

$$(Lu, v) = -\int_\alpha^\beta u''v \, dx = -u'v\Big|_\alpha^\beta + \int_\alpha^\beta u'v' \, dx.$$

Der herausintegrierte Term verschwindet, wenn auch v die homogenen Randbedingungen (5.21b) erfüllt. Das verbleibende Integral ist eine **Bilinearform**, die wir mit

$$b(u, v) := \int_\alpha^\beta u'v' \, dx \tag{5.25}$$

abkürzen. Bilinearformen wie $b(u, v)$ aus (5.25) sind linear in jedem der beiden Argumente u und v; es gilt also zum Beispiel $b(u_1+u_2, v) = b(u_1, v)+b(u_2, v)$. Analoge Bilinearformen ergeben sich für allgemeinere Differentialgleichungen. Formal lässt sich (5.24) nun

$$b(u, v) = (f, v) \tag{5.26}$$

schreiben, wobei v die homogenen Randbedingungen (5.21b) erfüllt.

Die Gleichung (5.26) wurde aus der Differentialgleichung hergeleitet, für deren Lösungen u Glattheit im Sinne von (5.22) angenommen wurde. Viele praktisch wichtige „Lösungen" u erfüllen die Forderung (5.22) nicht, sind also nicht klassisch. In manchen Anwendungen können u oder Ableitungen von u Knicke haben. Zum Beispiel betrachte man das Hindernisproblem von Abschnitt 4.5.3: Die zweite Ableitung u'' der Lösungsfunktion ist an den Nahtstellen α und β unstetig, also $u \notin C^2(-1, 1)$, vergleiche Figur 4.6. Wie bereits früher bemerkt wurde, kommen Integral-Beziehungen mit geringeren Glattheitsforderungen aus. Eben haben wir die Integralversion (5.26) aus der Differentialgleichung abgeleitet. In weiten Problemklassen der angewandten Mathematik beruht eine Integralgleichung auf elementarsten Prinzipien, während die Differentialgleichung häufig sekundär ist. Beispielsweise ist in der Variationsrechnung eine Integral-Formulierung primär und eine Differentialgleichung wird als notwendige Bedingung hergeleitet [St86]. Deswegen macht es Sinn, die Gleichung (5.26) nicht nur als Folgerung aus der Differentialgleichung zu betrachten, sondern als Gleichung „aus eigenem Recht". Das führt zu der Frage, *was ist die maximale Funktionenmenge*, so dass (5.26) mit (5.23), (5.25) sinnvoll definiert ist? Für eine ausführlichere Antwort sei auf den Anhang A6 verwiesen. Für die Ausführungen in diesem Abschnitt genügt es, den maximalen Funktionenraum grob zu skizzieren. Der passende Funktionenraum wird mit $\mathcal{H}^1$ bezeichnet, die Version mit aufgeprägten Randbedingungen mit $\mathcal{H}_0^1$. Dieser *Sobolev-Raum* enthält diejenigen auf Ω stetigen Funktionen, die *stückweise differenzierbar* sind und die Randbedingungen (5.21b) erfüllen. Dem entspricht die Funktionenklasse $\mathcal{K}$ in (5.16). Mit dem Sobolev-Raum $\mathcal{H}_0^1$ lässt sich eine schwache Lösung von $Lu = f$ definieren, wobei L ein Differentialoperator 2. Ordnung und b die zugehörige Bilinearform sind.

Definition 5.5   (Schwache Lösung)
    $u \in \mathcal{H}_0^1$ heißt schwache Lösung von $Lu = f$, wenn $b(u, v) = (f, v)$ gilt für alle $v \in \mathcal{H}_0^1$.

Ein Beispiel für $Lu = f$ ist das Modellproblem (5.21); $b(u, v)$ ist in (5.25) und (f, v) durch (5.23) definiert. Zur Existenz des Integrals (5.23) fordern wir noch die Quadratintegrierbarkeit von f ($f \in \mathcal{L}^2$, vergleiche Anhang A6); (f, v) existiert dann wegen der Schwarzschen Ungleichung. In ähnlicher Weise lässt sich der Begriff der schwachen Lösung auch für allgemeinere Probleme einführen; die Formulierung von Definition 5.5 überträgt sich.

5.4.2 Approximation auf endlich-dimensionalem Teilraum

Für die praktische Berechnung einer schwachen Lösung wird der unendlich-dimensionale Raum $\mathcal{H}_0^1$ ersetzt durch einen endlich-dimensionalen Teilraum. Solche endlich-dimensionalen Teilräume werden durch Basisfunktionen φ_i aufgespannt. Die einfachsten Beispiele sind die Hutfunktionen von Abschnitt 5.2. Im Hinblick auf die Bedeutung von Splines als Basisfunktionen werden die endlich-dimensionalen Teilräume mit $\mathcal{S}$ bezeichnet. Die Hutfunktionen $\varphi_0, ..., \varphi_m$ spannen den Raum der Polygonzüge auf, vergleiche Eigenschaft 5.2(a). Das heißt, dass sich jeder Polygonzug v darstellen lässt als Linearkombination

$$v = \sum_{i=0}^{m} c_i \varphi_i;$$

dabei sind die Koeffizienten c_i eindeutig bestimmt durch die Werte von v an den Knoten, $c_i = v(x_i)$. Die Hutfunktionen heißen *lineare Elemente*, weil sie stückweise aus Geraden bestehen. Außer linearen Elementen werden zum Beispiel auch quadratische oder kubische Elemente verwendet, also Polynomstücke zweiten oder dritten Grades [Sc91], [Ci91], [Zi77]. Grundsätzlich ergeben sich andere Genauigkeiten, wenn die Basisfunktionen aus Polynomen höheren Grades bestehen. Die Räume $\mathcal{S}$ heißen *Finite-Element-Räume*.

Ebenso wie der Sobolev-Raum $\mathcal{H}_0^1$ die Randbedingungen enthält, muss dies auch ein Teilraum erfüllen. Die Berücksichtigung der homogenen Randbedingungen (5.21b) sei durch den Index $_0$ angezeigt. Entsprechend ist ein endlich-dimensionaler Teilraum von $\mathcal{H}_0^1$ definiert durch

$$\mathcal{S}_0 := \{v = \sum_{i=0}^{m} c_i \varphi_i, \quad \varphi_i \in \mathcal{H}_0^1\}. \tag{5.27}$$

Entscheidend ist die Wahl der Basisfunktionen φ_i. Um dünnbesiedelte Matrizen zu erhalten, sollten die Basisfunktionen einen möglichst kleinen Support haben. Über die Definition der φ_i steckt in der Definition von $\mathcal{S}_0$ implizit auch die Partitionierung (5.3). Für unsere Zwecke genügt es, für φ_i die Hutfunktionen zu verwenden. Je größer m ist, desto besser kann $\mathcal{S}_0$ den Raum $\mathcal{H}_0^1$ ausfüllen, weil eine feinere Diskretisierung (kleinere Ω_k) eine bessere Approximation der Funktionen aus $\mathcal{H}_0^1$ durch Polygonzüge ermöglicht. Bezeichnet man den größten Durchmesser der Ω_k mit h, so kann man für $h \to 0$ (also $m \to \infty$) nach der Konvergenz der Approximation fragen.

Zusammenfassend kann eine Approximation w zu einer schwachen Lösung wie folgt als Lösung des durch $\mathcal{S}_0$ diskretisierten Problems definiert werden:

Aufgabe 5.6 (Diskrete Lösung w)
    Gesucht ist ein $w \in \mathcal{S}_0$ so dass $b(w, v) = (f, v)$ für alle $v \in \mathcal{S}_0$.

Die Lösungen w sind Näherungen zur schwachen Lösung u. Die Güte der Näherungen hängt ab von der Diskretisierungsfeinheit h von $\mathcal{S}_0$, worauf die

Schreibweise w_h hinweist. Der Übergang vom kontinuierlichen Problem der Definition 5.5 zum diskreten Problem 5.6 heißt auch *Prinzip von Rayleigh-Ritz*.

5.4.3 Lemma von Céa

Nach den Definitionen von schwacher Lösung u und diskreter Näherung w wenden wir uns nun dem Fehler zu, also dem Abstand zwischen u und w. Für den Abstand zwischen Funktionen in $\mathcal{H}_0^1$ wird die Norm $\| \ \|_1$ verwendet ($\longrightarrow$ Anhang A6). Zunächst soll der Fehler in dieser Norm abgeschätzt werden; gesucht ist also eine Schranke für $\|u - w\|_1$. Für das Folgende wird angenommen, dass die Bilinearform *stetig und $\mathcal{H}^1$-elliptisch* ist:

Annahmen 5.7   (stetige $\mathcal{H}^1$-elliptische Bilinearform)
(a) Es gibt ein $\gamma_1 > 0$ so dass
   $|b(u,v)| \leq \gamma_1 \|u\|_1 \|v\|_1$ für alle $u, v \in \mathcal{H}^1$
(b) Es gibt ein $\gamma_2 > 0$ so dass
   $b(v,v) \geq \gamma_2 \|v\|_1^2$ für alle $v \in \mathcal{H}^1$

Unter den Annahmen 5.7 besagt der *Satz von Lax-Milgram*, dass das Problem 5.6 genau eine Lösung $u \in \mathcal{H}^1$ besitzt [Ci91]. Wegen $\mathcal{S}_0 \subset \mathcal{H}_0^1$ gilt auch

$$b(u,v) = (f,v) \quad \text{für alle } v \in \mathcal{S}_0.$$

Subtraktion von $b(w,v) = (f,v)$ unter Berücksichtigung der Bilinearität impliziert

$$b(w-u,v) = 0 \quad \text{für alle } v \in \mathcal{S}_0. \tag{5.28}$$

Diese Eigenschaft wird als *error projection property* bezeichnet. Unter Ausnutzung der Annahmen 5.7 folgt eine Abschätzung für den Fehler $\|u - w\|_1$:

Lemma 5.8   (Céa)
Unter der Voraussetzung der Annahmen 5.7 gilt

$$\|u - w\|_1 \leq \frac{\gamma_1}{\gamma_2} \inf_{v \in \mathcal{S}_0} \|u - v\|_1. \tag{5.29}$$

Beweis: Wenn $v \in \mathcal{S}_0$ gilt, dann auch $\tilde{v} := w - v \in \mathcal{S}_0$. Anwendung von (5.28) für $\tilde{v}$ ergibt

$$b(w-u, w-v) = 0 \quad \text{für alle } v \in \mathcal{S}_0.$$

Es folgt

$$b(w-u, w-u) = b(w-u, w-u) - b(w-u, w-v)$$
$$= b(w-u, v-u).$$

Wegen den Annahmen gilt

$$\gamma_2\|w - u\|_1^2 \le |b(w - u, w - u)| = |b(w - u, v - u)|$$
$$\le \gamma_1\|w - u\|_1\|v - u\|_1,$$

woraus

$$\|w - u\|_1 \le \frac{\gamma_1}{\gamma_2}\|v - u\|_1$$

folgt. Da dies für alle $v \in \mathcal{S}_0$ gilt, ist die Behauptung des Lemmas bewiesen.

Für das Modellproblem (5.21) sind die Annahmen 5.7 erfüllt. Es stellt sich nun die Frage, wie klein das Infimum in (5.29) werden kann. Das ist gleichbedeutend wie die Frage, wie gut $\mathcal{S}_0$ den Raum $\mathcal{H}_0^1$ approximiert. Für die Hutfunktionen und $\mathcal{S}_0$ aus (5.27) ist das Infimum von der Ordnung $O(h)$. Dabei ist h wiederum der maximale Gitterabstand. Mit der Bezeichnung w_h sei wieder daran erinnert, dass die diskrete Lösung auch von der Gitterfeinheit abhängt. Das Resultat

$$\|u - w_h\|_1 = O(h) \tag{5.30}$$

wird plausibel durch den Fehler von interpolierenden Polygonzügen, hier für $\mathcal{C}^2$-glatte Funktionen u formuliert:

Lemma 5.9   (Fehler eines interpolierenden Polygonzuges)
Für $u \in \mathcal{C}^2$ sei u_I ein beliebiger interpolierender Streckenzug. Dann gilt
(a) $\max |u(x) - u_I(x)| \le \frac{h^2}{8}\max |u''(x)|$
(b) $\max |u'(x) - u_I'(x)| \le h \max |u''(x)|$

Der Beweis sei dem Leser als Übungsaufgabe überlassen ($\longrightarrow$ Übung 5.4). Die Voraussetzung $u \in \mathcal{C}^2$ in Lemma 5.9 lässt sich zu $u'' \in \mathcal{L}^2$ abschwächen [SF73]. Wegen

$$\inf_{v \in \mathcal{S}_0} \|u - v\|_1 \le \|u - u_I\|_1$$

und $\|u - u_I\|_1 = O(h)$ als Ergebnis von Lemma 5.9 folgt die behauptete Fehlerordnung von (5.30), also $\|u - w_h\|_1 = O(h)$. In dieser Aussage dominiert die schlechtere $O(h)$-Ordnung für die erste Ableitung, vergleiche Lemma 5.9. Tatsächlich beobachtet man für die Funktion w_h (also nicht für die Ableitung) sogar die $O(h^2)$-Ordnung. Durch einen formalen Kunstgriff von Nitsche lässt sich auch

$$\|u - w_h\|_0 \le C h^2 \|u\|_2 \tag{5.31}$$

für eine Konstante C nachweisen, also die erwartete $O(h^2)$-Fehlerordnung [Ci91], [Ha86].

Die Herleitungen dieses Abschnittes haben sich teilweise auf das Modellproblem (5.21) einer Differentialgleichung 2. Ordnung mit einer unabhängigen Variablen x ($n = 1$) sowie auf die linearen Elemente gestützt. Die meisten der Aussagen lassen sich verallgemeinern auf Differentialgleichungen höherer Ordnung, auf höhere Dimensionen ($n > 1$), und auf nichtlineare Elemente. Sind die Elemente in $\mathcal{S}$ etwa Polynome vom Grad k, die Differentialgleichung von der Ordnung $2l$, $\mathcal{S} \subset \mathcal{H}^l$, und erfüllt die zugeordnete Bilinearform auf $\mathcal{H}^l$ die Annahmen 5.7 mit der Norm $\|\ \|_l$, dann gilt zum Beispiel

$$\|u - w_h\|_l \leq Ch^{k+1-l}\|u\|_{k+1}.$$

Für $k = 1$, $l = 1$ ist der oben diskutierte Fall als Spezialfall enthalten. Für die Analyse der allgemeineren Fälle sei etwa auf [Ci91], [Ha86] verwiesen. Dies schließt auch allgemeinere Randbedingungen ein als die homogenen Dirichlet-Bedingungen von (5.21b).

Anmerkungen

Zu Abschnitt 5.1:

Eine Alternative zu den stückweise definierten finiten Elementen ist es, auf ganz Ω definierte Polynome φ_j zu verwenden, die orthogonal zueinander sind. Hier ist die Orthogonalität der Grund für das Verschwinden vieler Integrale. Entsprechende Methoden werden *Spektralmethoden* genannt. Mit ihnen lassen sich hohe Genauigkeiten erzielen, da sie global (d.h. auf ganz Ω) glatt sind. Die Grundlage des Rayleigh–Ritz–Ansatzes ist es, φ_j als Eigenfunktionen von L zu wählen. Dies führt bei symmetrischem L sogar auf eine Diagonalmatrix A.

Zu Abschnitt 5.2:

Die Finite-Element-Methoden wurden im Anfangsstadium ihrer Entwicklungen insbesondere in der Strukturmechanik eingesetzt. Dort haben die Steifigkeitsmatrix und die Massenmatrix eine entsprechende physikalische Bedeutung [Zi77]. Die Zuordnung der lokalen Elementmatrizen auf die globalen Gesamtmatrizen ist in unserer eindimensionalen Anwendung ($x \in \mathbb{R}^1$) besonders einfach, weil die Numerierung der Teilintervalle (über k) und die der Knoten (über i oder j) in einer eindeutigen Zuordnung ineinandergreifen. Im zweidimensionalen Fall, wo die Ω_k zum Beispiel Dreiecke sind, ist die Zuordnung der Elementmatrizen deutlich kniffliger. Bei den zweidimensionalen Hutfunktionen sind (3×3)-Elementmatrizen zu verteilen. Hierzu muss für jedes Ω_k die Indexmenge der beteiligten Knoten (i, j) gespeichert werden; dies führt zu einer Verallgemeinerung von (5.12), vergleiche [Sc91].

Zu Abschnitt 5.4:

Der endlich-dimensionale Funktionenraum $\mathcal{S}_0$ in (5.27) ist als *Teil*raum von $\mathcal{H}_0^1$ angesetzt worden. Elemente mit dieser Eigenschaft heißen *konforme Elemente*. Eine genauere Bezeichnung für $\mathcal{S}_0$ von (5.27) ist $\mathcal{S}_0^1$; in der Verallgemeinerung sind konforme Elemente durch $\mathcal{S}^l \subset \mathcal{H}^l$ ausgezeichnet.

Es gibt auch glatte Basisfunktionen φ, z.B. Hermite–Polynome 3. Ordnung. Als Folge erreicht man höhere Genauigkeit bei glatten Lösungen. Zu

Fragen der Genauigkeit bei Finite-Element-Methoden konsultiere man etwa [SF73], [Ci91], [Ha86].

Übungsaufgaben

Übung 5.1   Kubischer B-Spline

Gegeben sei eine äquidistante Intervalleinteilung mit $h = x_{k+1} - x_k$. Kubische B-Splines haben einen Träger von 4 Teilintervallen, in jedem Teilintervall besteht der Spline aus einem Polynomstück 3. Grades. Abgesehen von speziellen Splines am Rand sind die φ_i bestimmt durch die Forderungen

$$\varphi_i(x_i) = 1$$
$$\varphi_i(x) \equiv 0 \quad \text{für } x < x_{i-2}$$
$$\varphi_i(x) \equiv 0 \quad \text{für } x > x_{i+2}$$
$$\varphi \in \mathcal{C}^2(-\infty, \infty).$$

Zur Konstruktion von φ_i gehe man wie folgt vor:

a) Bestimme einen Spline $S(x)$, der für die speziellen Knoten

$$\tilde{x}_k := -2 + k \quad \text{für } k = 0, 1, ..., 4$$

die obigen Bedingungen erfüllt.

b) Man gebe eine Transformation $T_i(x)$ an, so dass $\varphi_i = S(T_i(x))$ die Forderungen erfüllt.

c) Für welche i, j gilt $\varphi_i \varphi_j = 0$?

Übung 5.2   Finite-Element-Matrizen

Für die *Hutfunktionen* φ aus Abschnitt 5.2 berechne man für beliebiges Teilintervall Ω_k alle Integrale $\neq 0$ der Form

$$\int \varphi_i \varphi_j dx, \quad \int \varphi_i' \varphi_j dx, \quad \int \varphi_i' \varphi_j' dx$$

und stelle sie als lokale 2×2 Matrizen dar.

Übung 5.3   Berechnung von Optionen mit Finiten Elementen

Man formuliere einen Algorithmus zur Berechnung von Optionen mit Finiten Elementen. Hierzu verfahre man wie in Abschnitt 5.2 angegeben. Das x-Gitter soll nicht als äquidistant angenommen werden, vielmehr sollen die x_i um $x = 0$ dichter liegen als am Rand.

Übung 5.4

Man beweise das Lemma 5.9 und für $u \in \mathcal{C}^2$ die Aussage $\|u - w_h\|_1 = O(h)$.

Anhänge

Anhang A1 Finanz-Derivate und ihr Umfeld

Die einfachste Art des Kaufens oder Verkaufens eines Objektes ist eine Eigentumsübertragung unmittelbar nach Einigung über den Preis. An den Börsen ist dies der *Kassahandel*, bei dem gekaufte (oder verkaufte) Wertpapiere sofort geliefert werden, und der Kaufpreis (Verkaufspreis) sofort entrichtet wird. Gewinn oder Verlust oder ein Risiko sind bei diesem Kassahandel meist erkennbar. Auf den Waren- und Finanzmärkten wird nicht nur der Kassahandel absolviert, sondern auch Verträge über Käufe und Verkäufe abgeschlossen, die zu einem *zukünftigen* Zeitpunkt erfolgen sollen oder können. Das ist der *Terminhandel*. Historisch bezogen sich solche Termingeschäfte zunächst auf Rohstoffe, wie Metalle, Erdöl, Getreide oder Fleisch (*commodities*). Später kamen der Handel mit Aktien und Währungen sowie weitere Finanzgeschäfte hinzu.

Der Kaufs- oder Verkaufsgegenstand (zum Beispiel Aktien eines bestimmten Unternehmens) heißt *Basiswert*. Das Interessante an den Termingeschäften ist, dass der zukünftige Marktpreis des Basiswertes unbekannt ist, da er Einflüssen wie Kursschwankungen oder Missernten unterliegen kann, aber trotzdem bei Vertragsabschluss ein fester Preis angenommen wird. Bei Fälligwerden des Termingeschäftes kann der im Vertrag angenommene Preis eventuell drastisch von dem dann herrschenden Marktpreis abweichen. Also sind mit solchen Termingeschäften *Risiken* verbunden. Die Risiken werden bei der Preisgestaltung der Verträge eine Rolle spielen.

Die Ausgestaltung und der Wert eines solchen Vertrages hängen insbesondere von dem zugrundeliegenden Basiswert und von der vereinbarten Laufzeit ab. Die wichtigsten Typen derartiger in die Zukunft reichender Kontrakte sind *Futures* und *Optionen*. Wegen ihrer vom jeweiligen Basiswert abgeleiteten Eigenschaften heißen diese Finanzinstrumente auch *Derivate*. Seit 1973 die Chicago Mercantile Exchange und die Chicago Board of Options Exchange gegründet wurden, hat der Handel mit Derivaten schnell an Bedeutung gewonnen. Die Deutsche Terminbörse nahm 1990 ihre Arbeit auf.

Die Vielfalt der Derivate ist heute kaum noch zu übersehen. Dieses Buch diskutiert exemplarisch Standard-Optionen, die in Abschnitt 1.1 erklärt werden. Der Kauf einer Option („heute" zum Zeitpunkt $t = 0$) ist zu unterscheiden vom Kauf oder Verkauf des Basiswertes, wie er zum zukünftigen

Zeitpunkt $t = T$ im Optionskontrakt vorgesehen ist. Während der Käufer einer Option ein Recht zu einer Kaufs- oder Verkaufsentscheidung erwirbt, aber keine Verpflichtung eingeht, sind Futures Kontrakte, die für beide Seiten verbindlich sind. Das heißt, der Verkäufer und der Käufer gehen bei einem Future eine feste Liefer- bzw. Abnahmeverpflichtung ein. Für eine Diskussion von Futures und der verwandten *Forwards* sowie der *exotischen Optionen* sei auf [Hu97], [MR97] verwiesen. Optionen haben Versicherungscharakter; mit ihnen können Risiken begrenzt werden. Die Auswahl von geeigneten Optionen für ein optimales Portfolio wird oft als *financial engineering* bezeichnet.

Will man den Wert eines risikobehafteten Termingeschäftes ermitteln, dann wird man zum Vergleich ausrechnen, wieviel Gewinn die einzusetzende Geldmenge mit risikolosen festverzinslichen Anleihen erbringen würde. Der Zinssatz r ist derjenige einer Anleihe (*Bond*), welche die gleiche Laufzeit T hat wie das Termingeschäft. Mit r ist die kontinuierliche Zinsrate gemeint, mit der ein eingesetztes Kapital S während der Laufzeit T auf Se^{rT} wächst; r ist als konstant angenommen. Diese Zinsrate r heißt risikofreier oder risikoneutraler Zinssatz.

Ein bei der Diskussion von Finanzmärkten häufig verwendeter Begriff ist *Arbitrage*. Arbitrage bedeutet das Ausnutzen von Preisdifferenzen zwischen verschiedenen Märkten. Wenn auf dem Markt A ein Finanzgut P_A kostet und auf dem Markt B dasselbe Finanzgut $P_B > P_A$, dann könnte man auf dem Markt A billiger einkaufen und risikolos sofort auf dem Markt B mit Preisdifferenz $P_B - P_A$ vorteilhaft verkaufen. Das ist der einfachste Fall von Arbitrage. Arbitrageure haben mehr Informationen als andere, denn sonst würde jeder sich des Preisvorteils bedienen, und die Preise würden sich schnell angleichen. Üblicherweise wird bei der idealisierten mathematischen Modellierung von Finanzmärkten angenommen, dass die Märkte transparent sind und Informationen sich so schnell ausbreiten, dass Arbitrage nicht möglich ist. Diese angenomme Effizienz der Märkte wird auch *No-Arbitrage-Prinzip* genannt.

Anhang A2 Wichtiges aus Wahrscheinlichkeit und Statistik

Stellvertretend für die Fülle von Büchern über Stochastik erwähnen wir hier nur [He99], [Fe50], [Fi89], [Pf91].

Es sei X eine stetige Zufallsvariable. Die **Verteilungsfunktion** $F(x)$ von X ist definiert durch die Wahrscheinlichkeit P, dass $X \leq x$ ist,

$$F(x) = \mathsf{P}(X \leq x).$$

Für stetige Zufallsvariable gibt es eine **Dichte**funktion $f(x) \geq 0$ so dass für alle $x \in \mathbb{R}$

$$F(x) = \int_{-\infty}^{x} f(t)dt$$

gilt. Die beiden wichtigsten *Momente* einer Verteilung sind **Erwartungswert** und **Varianz:**

$$\mu := \mathsf{E}(X) := \int_{-\infty}^{\infty} xf(x)dx \quad \text{Erwartungswert}$$

$$\sigma^2 := \mathsf{Var}(X) = \int_{-\infty}^{\infty} (x - \mu)^2 f(x)dx = \mathsf{E}((X - \mu)^2) = \mathsf{E}(X^2) - \mu^2$$

Fasst man die Dichtefunktion als Massenverteilung über $\mathbb{R}$ auf, so ist μ die Lage des Schwerpunktes. Für $\alpha, \beta \in \mathbb{R}$ gilt

$$\mathsf{Var}(\alpha X + \beta) = \alpha^2 \mathsf{Var}(X).$$

Die Kovarianz von zwei Zufallsvariablen X und Y ist

$$\mathsf{Cov}(X, Y) := \mathsf{E}\left((X - \mathsf{E}(X))(Y - \mathsf{E}(Y))\right) = \mathsf{E}(XY) - \mathsf{E}(X)\mathsf{E}(Y).$$

Sind X und Y unabhängig, so gilt

$$\mathsf{Var}(X + Y) = \mathsf{Var}(X) + \mathsf{Var}(Y),$$
$$\mathsf{E}(XY) = \mathsf{E}(X)\mathsf{E}(Y);$$

analoge Aussagen gelten für mehr als zwei unabhängige Zufallsvariable. Allgemein gilt

$$\mathsf{Var}(X + Y) = \mathsf{Var}(X) + \mathsf{Var}(Y) + 2\mathsf{Cov}(X, Y).$$

Normalverteilung: Die Dichte der Normalverteilung ist

$$f(x) = \frac{1}{\sigma\sqrt{2\pi}} \exp\left(-\frac{(x - \mu)^2}{2\sigma^2}\right).$$

$X \sim \mathcal{N}(\mu, \sigma^2)$ heißt: X ist normalverteilt mit Erwartungswert μ und Varianz σ^2.

Es folgt: $Z = \frac{X-\mu}{\sigma} \sim \mathcal{N}(0, 1)$ Standard–Normalverteilung bzw. $X = \sigma Z + \mu \sim \mathcal{N}(\mu, \sigma^2)$.

Gleichverteilung auf Intervall $a \le x \le b$:

$$f(x) = \frac{1}{b - a} \quad \text{für} \quad a \le x \le b \; ; \; f = 0 \;\; \text{sonst}$$

Schätzer für Erwartungswert und Varianz einer normalverteilten Zufallsvariablen X bei einer Stichprobe, das heißt bei endlich vielen Ziehungen $x_1, ..., x_M$:

$$\hat{\mu} := \frac{1}{M} \sum_{k=1}^{M} x_k$$

$$\hat{s}^2 := \frac{1}{M-1} \sum_{k=1}^{M} (x_k - \hat{\mu})^2$$

Es gilt $\mathsf{E}(\hat{\mu}) = \mu$ und $\mathsf{E}(\hat{s}^2) = \sigma^2$. Zur Berechnung vergleiche Übung 1.4.

Zentraler Grenzwertsatz: Es seien $X_1, X_2, \ldots$ identisch verteilte unabhängige Zufallsvariable, $\mu := \mathsf{E}(X_i)$, $S_n := \sum_{i=1}^{n} X_i$, $\sigma^2 = \mathsf{E}(X_i - \mu)^2$. Dann gilt für jedes a

$$\lim_{n \to \infty} \mathsf{P}\left(\frac{S_n - n\mu}{\sigma \sqrt{n}} \le a\right) = \frac{1}{\sqrt{2\pi}} \int_{-\infty}^{a} e^{-z^2/2} dz.$$

Nach dem **schwachen Gesetz der großen Zahlen** gilt für alle $\epsilon > 0$

$$\lim_{n \to \infty} \mathsf{P}\left(\left|\frac{S_n}{n} - \mu\right| > \epsilon\right) = 0.$$

Abschließend seien noch Erwartungswert und Varianz einer *diskreten* Zufallsgröße X aufgeführt:

$$\mu = \sum_i x_i \mathsf{P}(x_i)$$

$$\sigma^2 = \sum_i (x_i - \mu)^2 \mathsf{P}(x_i)$$

Anhang A3 Die Black-Scholes-Gleichung

In diesem Anhang wird das Lemma von Itô zur Herleitung der Black-Scholes-Gleichung verwendet, vergleiche Abschnitt 1.7. Als erste wesentliche Annahme sei vorausgesetzt, dass entsprechend Modell 1.12 der Kurs S einer linearen stochastischen Differentialgleichung (1.16)

$$dS = \mu S dt + \sigma S dW$$

mit konstantem μ und σ genügt, und er damit einer geometrischen Brownschen Bewegung folgt. Als Anwendung des Itô-Lemmas wiederholen wir den stochastischen Prozess (1.19), dem der Wert $V(S,t)$ folgt,

$$dV = \left(\mu S \frac{\partial V}{\partial S} + \frac{\partial V}{\partial t} + \frac{1}{2}\sigma^2 S^2 \frac{\partial^2 V}{\partial S^2}\right) dt + \sigma S \frac{\partial V}{\partial S} dW.$$

Da beide stochastischen Prozesse S und V durch den gleichen Wiener-Prozess bestimmt sind, lässt sich der stochastische Term durch eine Linearkombination von dS und dV eliminieren. Hierzu bilden wir das Portfolio

$$\Pi := -V + \Delta \cdot S, \qquad (A3.1)$$

welches die Menge Δ des Basiswertes mit Kurs S enthält sowie eine emittierte Option vom Wert V zum gleichen Basiswert. Durch Einsetzen folgt

$$dΠ = -dV + \Delta \cdot dS$$
$$= -\left(\mu S\left(\Delta - \frac{\partial V}{\partial S}\right) + \frac{\partial V}{\partial t} + \frac{1}{2}\sigma^2 S^2 \frac{\partial^2 V}{\partial S^2}\right) dt + \left(-\frac{\partial V}{\partial S} + \Delta\right)\sigma S dW.$$

Für

$$\Delta = \frac{\partial V}{\partial S}$$

ist diese infinitesimale Änderung des Portfolios Π im Zeitraum dt rein deterministisch:

$$dΠ = -\left(\frac{\partial V}{\partial t} + \frac{1}{2}\sigma^2 S^2 \frac{\partial^2 V}{\partial S^2}\right) dt \qquad (A3.2)$$

Auch die Driftrate μ ist herausgefallen!

Die Änderung $dΠ$ in (A3.2) ist durch das stochastische Modell 1.12 verursacht. Die nächste Frage von Interesse ist, wie sich der gleiche Betrag Π bei festverzinslichen Anleihen entwickeln würde. Unter den weiteren Annahmen

- Der risikofreie Zinssatz r ist konstant;
- Es treten keine Transaktionskosten oder Dividendenzahlungen auf;
- Es gibt keine riskiofreien Arbitrage-Möglichkeiten;

gilt für die Wertentwicklung von Π die „gewöhnliche" Verzinsung

$$dΠ = r\Pi dt,$$

also mit (A3.1)

$$dΠ = \left(-rV + rS\frac{\partial V}{\partial S}\right) dt. \qquad (A3.3)$$

Wenn V nicht vorzeitig zurückgegeben werden kann (also weitere Annahme: europäische Option!), dann sind beide Versionen von $dΠ$ aus Arbitrage-Gründen gleich. Durch Vergleich von (A3.2) und (A3.3) folgt die Black-Scholes-Gleichung (1.2),

$$\frac{\partial V}{\partial t} + \frac{1}{2}\sigma^2 S^2 \frac{\partial^2 V}{\partial S^2} + rS\frac{\partial V}{\partial S} - rV = 0.$$

Bei amerikanischen Optionen gilt wegen der Möglichkeit vorzeitiger Ausübung eine Ungleichung. Es sei noch einmal hervorgehoben, dass es mit diesem Portfolio eine Strategie gibt, die das Risiko eliminiert, das durch die Stochastik und die Drift μ im Basiswert S steckt. Insofern ist die Modellierung von V risikoneutral. Der einzige die Stochastik reflektierende Parameter, von dem der Wert V der Option abhängt, ist die Volatilität σ.

Die Anzahl $\Delta = \frac{\partial V}{\partial S}$ von Wertpapieren, die in obiger Analyse zu dem risikofreien Portfolio führte, hat unter dem Namen **Delta** eine praktische Bedeutung beim Absichern von Risiken. Delta war oben konstant gehalten worden im Zeitraum dt; im allgemeinen verändert sich Δ mit S und t.

Die Black-Scholes-Gleichung hat eine analytische Lösung. Wir geben sie für den europäischen Call an:

$$a := \frac{\log \frac{S}{E} + \left(r + \frac{\sigma^2}{2}\right)(T-t)}{\sigma \sqrt{T-t}}$$

$$V_C(S,t) = SF(a) - Ee^{-r(T-t)}F(a - \sigma\sqrt{T-t}),$$

wobei F die Verteilungsfunktion der Standard-Normalverteilung bezeichnet (vgl. Übung 1.3). Den Wert $V_P(S,t)$ für einen Put erhält man durch anschließende Anwendung der Put-Call-Parität von Übung 1.1. Aus diesen Black-Scholes-Formeln ergibt sich sofort das Delta, $\Delta = \frac{\partial V}{\partial S}$, als

$$\Delta = F(a) \qquad \text{für einen europäischen Call,}$$
$$\Delta = F(a) - 1 \text{ für einen europäischen Put.}$$

Anhang A4 Methoden der Numerik

Dieser Anhang versucht nicht, einen Überblick über die Numerik zu geben. Es werden lediglich diejenigen Methoden kurz skizziert und Begriffe erläutert, die im Text erwähnt werden. Für weiterführende Studien sei auf die Literatur verwiesen. Stellvertretend für eine große Zahl von Lehrbüchern erwähnen wir hier [GV89], [HH94], [PTVF92], [Sc93], [St89], [SB89], [We92].

Interpolation

Gegeben sind $n+1$ Paare von Zahlen (x_i, y_i), $i = 0, 1, ..., n$. Diese Punkte in der (x,y)-Ebene sollen durch eine Kurve verbunden werden. Eine interpolierende Funktion $\Phi(x)$ hat die Eigenschaft

$$\Phi(x_i) = y_i \quad \text{für} \quad i = 0, 1, ..., n.$$

Je nach Funktionenklasse der Φ unterscheidet man verschiedene Interpolationsmethoden. Ein Beispiel ist die Interpolation mit Polynomen,

$$\Phi(x) = P_n(x) = a_0 + a_1 x + ... + a_n x^n;$$

der Grad n passt zu $n+1$ zu interpolierenden Punkten. Die Auswertung eines Polynoms geschieht mit dem *Hornerschema*, das sich aus der folgenden Schreibweise ergibt:

$$P_n(x) = (...((a_n x + a_{n-1})x + a_{n-2})x + ... + a_1)x + a_0$$

Bei vielen Punkten und entsprechend hohem Grad des Polynoms ist die Polynominterpolation meist nicht zu empfehlen wegen zu starker Oszillation. Stattdessen werden „stückweise" Zugänge gewählt, d.h. $\Phi(x)$ wird auf jedem Teilintervall $x_i \leq x \leq x_{i+1}$ gesondert definiert. Das einfachste Beispiel einer stückweisen Interpolation ist der *Polygonzug*, der entsteht, wenn die Punkte sukzessive in der Reihenfolge $x_0 < x_1 < ... < x_n$ stetig durch Geradenstücke verbunden werden. Wegen des Fehlers des Polygonzuges sei auf das Lemma 5.9 verwiesen. Eine glatte Interpolation wird durch den kubischen *Spline* erzeugt, bei dem stückweise definierte Polynome dritten Grades

$$S_i(x) := a_i + b_i(x - x_i) + c_i(x - x_i)^2 + d_i(x - x_i)^3 \quad \text{für} \quad x_i \leq x < x_{i+1}$$

interpolierend und $\mathcal{C}^2$-glatt aneinandergefügt werden.

Anwendungen der Interpolation gibt es bei der numerischen Integration, bei Differentialgleichungen und insbesondere bei Computergrafik. Grundsätzlich kann die Interpolation zur *Approximation* von Funktionen dienen.

Rationale Approximation

Rationale Approximation erfolgt mit rationalen Funktionen

$$\Phi(x) = \frac{a_0 + a_1 x + ... + a_n x^n}{b_0 + b_1 x + ... + b_m x^m}.$$

Rationale Funktionen haben den Vorteil, dass sie auch Pol-Stellen gut approximieren können. Ist die Pol-Stelle ξ einer zu approximierenden Funktion bekannt, so sollte ξ eine Nullstelle des Nenners von Φ sein.

Quadratur

Quadratur nennt man die numerische Berechnung bestimmter Integrale

$$\int_a^b f(x)dx.$$

Einfache Quadraturmethoden ersetzen das Integral durch

$$\int_a^b P_m(x)dx,$$

wobei das Polynom $P_m(x)$ die Funktion $f(x)$ approximieren muss. Wird $P_m(x)$ durch Interpolation gewonnen, spricht man von *Newton-Cotes Formeln*. Im einfachsten Fall $m = 2$ erhält man die *Trapeznäherung* für das Integral. Teilt man das Integrationsintervall $a \leq x \leq b$ in n äquidistante Teile der Länge

$$h = \frac{b - a}{n}.$$

und wendet auf jedem Teilintervall eine Trapeznäherung an, so erhält man die Näherungsformel der *Trapezsumme*

$$T(h) = h \left[\frac{f(a)}{2} + f(a+h) + ... + f(b-h) + \frac{f(b)}{2} \right].$$

Für den Fehler von $T(h)$ kann man eine quadratische Entwicklung herleiten,

$$T(h) = \int_a^b f(x)dx + \tau_1 h^2 + \tau_2 h^4 + ...,$$

mit von h unabhängigen Konstanten τ_i. Diese Fehlerformel wird zur *Extrapolation* verwendet. Hierzu wird $T(h)$ für einige h ausgewertet, ein interpolierendes $\tilde{T}$ berechnet, und $\tilde{T}(0)$ als Näherung zu dem exakten Integral $T(0)$ verwendet.

Nullstellen von Funktionen

Gesucht sei eine Nullstelle x^* einer Funktion $f(x)$, also $f(x^*) = 0$. Die Konstruktion einer Näherung geschieht iterativ. Zum Beispiel wird mit dem *Newton-Verfahren* ausgehend von einem Startwert x_0 iterativ eine Folge von Zahlen $x_1, x_2, ...$ berechnet durch

$$x_{k+1} = x_k - \frac{f(x_k)}{f'(x_k)}.$$

Die Konvergenz ist nicht von vorneherein für jedes x_0 gesichert. Für skalare Funktionen gibt es Alternativen, zum Beispiel die *Bisektion*. Wenn die Verfahren konvegieren, dann kann die Konvergenzgeschwindigkeit charakterisiert werden. *Lokal*, d.h. in der Nähe von x^*, konvergiert das Newtonverfahren quadratisch und damit schneller als die Bisektion.

Satz von Gerschgorin.

Ein Hilfsmittel für eine grobe Einkreisung der Eigenwerte einer Matrix $A = (a_{ij})$ ist der Satz von Gerschgorin. Er besagt, dass jeder Eigenwert von A in einer der Kreisflächen

$$K_j := \{z \text{ komplex und } |z - a_{jj}| \le \sum_{\substack{k=1 \\ k \neq j}}^n |a_{jk}|\}$$

$(j = 1, ..., n)$ liegt. Die Mittelpunkte der Kreisscheiben K_j sind also die Diagonalelemente von A, und die Radien sind die Summe der Außerdiagonalelemente (absolut genommen).

LR-Zerlegung

L bezeichne untere Dreiecksmatrizen und R obere Dreiecksmatrizen; für die Diagonalelemente von L gelte $l_{11} = ... = l_{nn} = 1$. Die Matrizen A, L, R

seien von der Größe $n \times n$ und Vektoren x, b, ... haben n Komponenten. Zur Lösung des Gleichungssystems

$$Ax = b$$

ist der Gaußsche Algorithmus wohlbekannt. Er ist äquivalent zur *LR-Zerlegung*. Diese bedeutet die Faktorisierung

$$PA = LR.$$

Hierbei ist P eine Permutationsmatrix, welche den Zeilenvertauschungen durch Pivotierung beim Gauß-Algorithmus entspricht. Eine LR-Zerlegung existiert für alle nicht-singulären A. Nach der Berechnung der LR-Zerlegung sind nur noch zwei Gleichungssysteme mit Dreiecksmatrizen aufzulösen,

$$Ly = Pb \quad \text{und} \quad Rx = y.$$

Für Tridiagonalmatrizen, wie sie zum Beispiel in Kapitel 4 und in Kapitel 5 auftreten, kosten diese Gleichungssysteme nur $O(n)$ Operationen.

Cholesky-Zerlegung

Für *positiv-definite* Matrizen A (das heißt hermitesch bzw. symmetrisch und $x^H A x > 0$ für alle $x \neq 0$) gibt es genau eine untere Dreiecksmatrix L mit positiven Diagonalelementen, so dass

$$A = LL^H.$$

Hierbei ist die Normierung der Diagonalelemente von L *nicht* gefordert. Für reelle Matrizen A ist auch L reell, also $A = LL^{tr}$. (Hinweis: Für eine Matrix A ist die hermitesche Matrix A^H definiert als $\bar{A}^{tr}$, wobei $\bar{A}$ die elementweise Konjugation von A ist.)

Anhang A5 Iterative Verfahren für $Ax = b$

Das Gleichungssystem $Ax = b$ kann

$$Mx = (M - A)x + b$$

geschrieben werden. Für reguläre M ist $Ax = b$ also äquivalent zur Fixpunktgleichung

$$x = (I - M^{-1}A)x + M^{-1}b;$$

dies führt auf die Iterationsvorschrift

$$x^{(k+1)} = \underbrace{(I - M^{-1}A)}_{=:B}x^{(k)} + M^{-1}b.$$

Die Berechnung von $x^{(k+1)}$ erfolgt durch Lösen des linearen Gleichungs-systems $Mx^{(k+1)} = (M-A)x^{(k)} + b$. Substrahiert man die Fixpunktgleichung und wendet Lemma 4.2 an, erkennt man sofort

$$\text{Konvergenz} \iff \rho(B) < 1;$$

$\rho(B)$ ist der Spektralradius der Matrix B. Für dieses Konvergenzkriterium gibt es ein leicht nachprüfbares hinreichendes Kriterium. Für natürliche Matrixnormen gilt $\|B\| \geq \rho(B)$. Gilt also für irgendeine natürliche Matrixnorm $\|B\| < 1$, so folgt Konvergenz. Anwendung auf die Matrixnormen

$$\|B\|_\infty = \max_i \sum_{j=1}^n |b_{ij}|,$$

$$\|B\|_1 = \max_j \sum_{i=1}^n |b_{ij}|,$$

ergibt hinreichende Konvergenzkriterien: Die Iteration konvergiert, falls

$$\sum_{j=1}^n |b_{ij}| < 1 \quad \text{für } 1 \leq i \leq n$$

oder falls

$$\sum_{i=1}^n |b_{ij}| < 1 \quad \text{für } 1 \leq j \leq n.$$

Aus offensichtlichen Gründen heißen diese Kriterien Zeilensummen- bzw. Spaltensummenkriterium. Die Matrix M heißt *Präkonditionierer*. Ziel bei der Konstruktion von M ist neben möglichst schneller Konvergenz auch eine einfache Struktur, z.B. Dreiecksmatrix, damit das Gleichungssystem leicht lösbar ist.

Einfache Beispiele erzeugt man durch additives Splitten von A in $A = D - L - U$, mit

    D Diagonalmatrix
    L echte untere Dreiecksmatrix
    U echte obere Dreiecksmatrix

Jacobi–Verfahren

Mit $M := D$ folgt $M - A = L + U$ und damit das Iterationsverfahren

$$Dx^{(k+1)} = (L+U)x^{(k)} + b.$$

Für die Konvergenz des Jacobi-Verfahrens ist nach obigen Kriterien eine strikte Diagonal-Dominanz von A hinreichend.

Gauß–Seidel–Verfahren

Hier setzt man $M := D - L$. Wegen $M - A = U$ gilt

$$(D - L)x^{(k+1)} = Ux^{(k)} + b.$$

SOR (successive overrelaxation)

$M := \frac{1}{\omega}D - L \implies M - A = \left(\frac{1}{\omega} - 1\right)D + U$

$$\left(\frac{1}{\omega}D - L\right)x^{(k+1)} = \left(\left(\frac{1}{\omega} - 1\right)D + U\right)x^{(k)} + b$$

Damit kann das SOR-Verfahren wie folgt geschrieben werden:

$$\begin{cases} B_\omega := \left(\frac{1}{\omega}D - L\right)^{-1}\left(\left(\frac{1}{\omega} - 1\right)D + U\right) \\ x^{(k+1)} = B_\omega x^{(k)} + \left(\frac{1}{\omega}D - L\right)^{-1}b \end{cases}$$

Das Gauß-Seidel Verfahren ist hierin als Spezialfall $\omega = 1$ enthalten.

Zur Wahl von ω

Für die Differenzvektoren $d^{(k+1)} := x^{(k+1)} - x^{(k)}$ gilt

$$d^{(k+1)} = B_\omega d^{(k)}. \qquad (*)$$

Wir erkennen hierin die Potenzmethode, bei der Konvergenz gegen den Eigenvektor zum dominanten Eigenwert $\rho(B_\omega)$ eintritt.
Also: Sobald $(*)$ konvergiert, gilt

$$d^{(k+1)} = B_\omega d^{(k)} \approx \rho(B_\omega)d^{(k)},$$

woraus $|\rho(B_\omega)| \approx \frac{\|d^{(k+1)}\|}{\|d^{(k)}\|}$ folgt bezüglich einer beliebigen Vektornorm.
Für eine Klasse von Matrizen A gilt

$$\rho(B_1) = (\rho(B_J))^2, \quad B_J := D^{-1}(L + U)$$
$$\omega_{opt} = \frac{2}{1 + \sqrt{1 - \rho(B_J)^2}},$$

vergleiche [Va62], [SB89]. Für solche Matrizen A lässt sich nach einigen Iterationsschritten mit $\omega = 1$ der Wert $\rho(B_1)$ abschätzen und damit eine Näherung für ω_{opt} gewinnen. Nach unseren Erfahrungen mit dem Projektions-SOR nach Cryer angewendet auf die Berechnung von Optionen (vgl. Abschnitt 4.6) zeigt die Wahl $\omega = 1$ gute Ergebnisse.

Anhang A6 Funktionenräume

Funktionen u, v, w seien auf einer Menge $\Omega \subset \mathbb{R}^n$ definiert. Typischerweise sind die Funktionen reellwertig; dies sei hier angenommen. Es wird weiter vorausgesetzt, dass Ω ein *Gebiet* ist, das heißt Ω ist offen und zusammenhängend. Die auf Ω stetigen Funktionen werden mit $\mathcal{C}^0(\Omega)$ oder $\mathcal{C}(\Omega)$ bezeichnet. Die Funktionen aus $\mathcal{C}^k(\Omega)$ sind k mal stetig partiell differenzierbar. Das heißt, alle diese Ableitungen existieren und sind stetig. Die Mengen $\mathcal{C}^k(\Omega)$ sind erste Beispiele für Funktionenräume. $\mathcal{C}^k(\bar{\Omega})$ bezeichnet die Funktionen, deren Ableitungen auf Ω auch beschränkt und gleichmässig stetig und deshalb auf $\bar{\Omega}$ fortsetzbar sind.

Außer durch ihre Differenzierbarkeit werden Funktionen auch durch ihre Integrierbarkeit charakterisiert. Der verwendete Integralbegriff ist der des Lebesgue-Integrals. Der Raum der quadratintegrierbaren Funktionen ist

$$\mathcal{L}^2(\Omega) := \left\{ v : \int_\Omega v^2 \, dx < \infty \right\}.$$

Zum Beispiel ist $v(x) = x^{-1/4} \in \mathcal{L}^2(0,1)$ und $v(x) = x^{-1/2} \notin \mathcal{L}^2(0,1)$. Allgemeiner sind für $p > 0$ die $\mathcal{L}^p$-Räume

$$\mathcal{L}^p(\Omega) := \left\{ v : \int_\Omega |v(x)|^p \, dx < \infty \right\}$$

definiert. Für $p \geq 1$ haben diese Räume viele wichtige Eigenschaften [Ad75]; zum Beispiel ist dann

$$\|v\|_p := \left(\int_\Omega |v(x)|^p dx \right)^{1/p} \tag{$A6.1$}$$

eine Norm.

Für die Existenz von Integralen wie

$$\int_a^b uv \, dx, \quad \int_a^b u'v' \, dx$$

könnten wir mit $\Omega = (a, b)$ vereinfacht einen Funktionenraum

$$\mathcal{H}^1(a,b) := \left\{ u \in \mathcal{L}^2(a,b) : u' \in \mathcal{L}^2(a,b) \right\} \tag{$A6.2$}$$

definieren. Da aber eine klassische Ableitung u' für $u \in \mathcal{L}^2$ nicht existieren und nicht quadratintegrierbar sein braucht, muss ein schwächerer Ableitungsbegriff vereinbart werden.

Schwache Ableitungen

Während Ableitungen in den $\mathcal{C}^k$-Räumen in der gewohnten klassischen Weise erklärt sind, können für $\mathcal{L}^2$-Räume *schwache Ableitungen* definiert werden. Zur Motivation betrachte man die gewöhnliche partielle Integration

$$\int_a^b uv' \, dx = - \int_a^b u'v \, dx, \qquad (A6.3)$$

die für alle $u, v \in \mathcal{C}^1(a,b)$ mit $v(a) = v(b) = 0$ richtig ist. Für $u \notin \mathcal{C}^1$ kann (A6.3) zur Definition einer „schwachen Ableitung" u' verwendet werden, wenn Glattheit auf v verlagert wird. Hierzu bezeichne

$$\mathcal{C}_0^\infty(\Omega) := \{v \in \mathcal{C}^\infty(\Omega) : \operatorname{supp}(v) \text{ ist kompakte Teilmenge von } \Omega\}.$$

$v \in \mathcal{C}_0^\infty(\Omega)$ beinhaltet auch das Verschwinden von v am Rand von Ω. Für $\Omega \subset \mathbb{R}^n$ werden Ableitungen höherer Ordnung mit Hilfe eines Multiindex

$$\alpha := (\alpha_1, ..., \alpha_n), \quad \alpha_i \in \mathbb{N} \cup \{0\}$$

bezeichnet. Mit

$$|\alpha| := \sum_{i=1}^n \alpha_i$$

wird die Ableitung $|\alpha|$-ter Ordnung definiert als

$$D^\alpha v := \frac{\partial^{|\alpha|}}{\partial x_1^{\alpha_1} ... \partial x_n^{\alpha_n}} v(x_1, ..., x_n).$$

Falls es ein $w \in \mathcal{L}^2$ gibt mit

$$\int_\Omega u D^\alpha v \, dx = (-1)^{|\alpha|} \int_\Omega wv \, dx \quad \text{für alle } v \in \mathcal{C}_0^\infty(\Omega),$$

dann heißt $D^\alpha u := w$ die schwache Ableitung von u zum Multiindex α.

Sobolevräume

Versteht man u' in diesem Sinn als schwache Ableitung, dann macht die Definition (A6.2) einen Sinn. Allgemeiner wird definiert

$$\mathcal{H}^k(\Omega) := \{v \in \mathcal{L}^2(\Omega) : D^\alpha v \in \mathcal{L}^2(\Omega) \quad \text{für } |\alpha| \le k\}.$$

Mit dem Index $_0$ ist der Teilraum von $\mathcal{H}^1$ charakterisiert, dessen Funktionen am Rand verschwinden, zum Beispiel

$$\mathcal{H}_0^1(a,b) := \{v \in \mathcal{H}^1(a,b) : v(a) = v(b) = 0\}.$$

Die Funktionenräume $\mathcal{H}^k$ heissen Sobolev-Räume. In ihnen ist eine Norm definiert durch

$$\|v\|_k := \left(\sum_{|\alpha| \le k} \int_\Omega |D^\alpha v|^2 \, dx \right)^{1/2}.$$

Summiert wird hier über die $\mathcal{L}^2$-Normen von (A6.1). Für den in Kapitel 5 diskutierten Spezialfall $k = 1$, $n = 1$, $\Omega = (a,b)$ ergibt sich die Norm

$$\|v\|_1 := \left(\int_a^b (v^2 + (v')^2) \, dx \right)^{1/2}.$$

Zur Charakterisierung der Sobolev-Räume gibt es *Einbettungssätze*, das sind Antworten auf die Fragen, welche Funktionenräume Teilmengen von anderen Funktionenräumen sind. Der Raum $\mathcal{H}^1$ enthält insbesondere diejenigen Funktionen, die auf ganz Ω einschließlich des Randes stetig sind und im Inneren *stückweise* $\mathcal{C}^1$-Funktionen sind.

Hilbert-Räume

Die Funktionenräume $\mathcal{L}^2$ und $\mathcal{H}^k$ haben Eigenschaften, die hier nicht diskutiert werden. Erwähnt sei, dass beides Beispiele für *Hilbert-Räume* sind. In Hilbert-Räumen gibt es ein Skalarprodukt (,), so dass der Raum bezüglich der Norm $\|v\| := \sqrt{(v,v)}$ *vollständig* ist, das heißt die Grenzwerte aller Cauchyfolgen enthält. Es gilt dann die *Schwarzsche Ungleichung*

$$|(u,v)| \le \|u\| \, \|v\|.$$

Beispiele für Hilbert-Räume mit zugehörigem Skalarprodukt sind

$$\mathcal{L}^2(\Omega) \text{ mit } (u,v)_0 := \int_\Omega u(x)v(x) \, dx$$
$$\mathcal{H}^k(\Omega) \text{ mit } (u,v)_k := \sum_{|\alpha| \le k} (D^\alpha u, D^\alpha v)_0$$

Für die Diskussion von Eigenschaften dieser Funktionenräume sei auf die Spezialliteratur verwiesen, z.B. [KA78], [Ad75], [Wl87], [Ha86], [Ja71].

Literatur

[AS68]   M. Abramowitz, I. Segun: Handbook of Mathematical Functions. With Formulas, Graphs, and Mathematical Tables. Dover Publications, New York (1968).

[Ad75]   R.A. Adams: Sobolev Spaces. Academic Press, New York (1975).

[Ar73]   L. Arnold: Stochastische Differentialgleichungen. Oldenbourg, München (1973).

[Bar97]   G. Barles: Convergence of Numerical Schemes for Degenerate Parabolic Equations Arising in Finance Theory. in [RT97] (1997) 1-21.

[BaN97]   O.E. Barndorff-Nielsen: Processes of normal inverse Gaussian type. Finance & Stochastics 2 (1997) 41–68.

[Br91]   R. Breen: The Accelerated Binomial Option Pricing Model. J. Financial and Quantitative Analysis 26 (1991) 153–164.

[Br94]   R.P. Brent: On the periods of generalized Fibonacci recurrences. Math. Comput. 63 (1994) 389–401.

[Ci91]   P.G. Ciarlet: Basic Error Estimates for Elliptic Problems. in: Handbook of Numerical Analysis, Vol. II (Eds. P.G. Ciarlet, J.L. Lions) Elsevier/North-Holland, Amsterdam (1991) 19–351.

[CL90]   P. Ciarlet, J-L. Lions: Finite Difference Methods (Part 1) Solution of equations in $\mathbb{R}^n$. North-Holland Elsevier, Amsterdam (1990).

[CRR79]   J. Cox, S. Ross, M. Rubinstein: Option Pricing: A Simplified Approach. Journal of Financial Economics 7 (1979) 229–264.

[CR85]   J. Cox, M. Rubinstein: Options Markets. Prentice Hall, Englewood Cliffs (1985).

[CN47]   J. Crank, P. Nicolson: A Practical Method for Numerical Evaluation of Solutions of Partial Differential Equations of the Heat-conductive Type. Proc. Camb. Phil. Soc. 43 (1947) 50–67.

[Cr71]   C. Cryer: The Solution of a Quadratic Programming Problem Using Systematic Overrelaxation. SIAM J. Control 9 (1971) 385–392.

[CK99]   S. Cyganowski, P. Kloeden: Maple Schemes for Jump-Diffusion Stochastic Differential Equations. Manuscript, Frankfurt 1999.

[DH99]   M.A.H. Dempster, J.P. Hutton: Pricing American Stock Options by Linear Programming. Mathematical Finance 9 (1999) 229–254.

[De86]   L. Devroye: Non–Uniform Random Variate Generation. Springer, New York (1986).

[Do98]   K. Dowd: Beyond Value at Risk: The New Science of Risk Management. Wiley & Sons, Chichester (1998).

[Du96]   D. Duffie: Dynamic Asset Pricing Theory. Second Edition. Princeton University Press, Princeton (1996).

[Eb98]   E. Eberlein: Grundideen moderner Finanzmathematik. DMV-Mitteilungen 3/1998 (1998) 10–20.

[EK95]   E. Eberlein, U. Keller: Hyperbolic Distributions in Finance. Bernoulli **1** (1995) 281–299.

[EKM97]   P. Embrechts, C. Klüppelberg, T. Mikosch: Modelling Extremal Events. Springer, Berlin (1997).

[Fe50]   W. Feller: An Introduction to Probability Theory and its Applications. Wiley, New York (1950).

[Fi96]   G.S. Fishman: Monte Carlo. Concepts, Algorithms, and Applications. Springer, New York (1996).

[Fi89]   M. Fisz: Wahrscheinlichkeitsrechnung und Mathematische Statistik. Dt. Verlag der Wissenschaften, Berlin (1989).

[Fö98]   H. Föllmer: Ein Nobel-Preis für Mathematik? DMV-Mitteilungen 1/98 (1998) 4–7.

[Ge98]   J.E. Gentle: Random Number Generation and Monte Carlo Methods. Springer, New York (1998)

[GV96]   G. H. Golub, C. F. Van Loan: Matrix Computations. Third Edition. The John Hopkins University Press, Baltimore (1996).

[GR92]   Ch. Großmann, H.-G. Roos: Numerik partieller Differentialgleichungen. Teubner, Stuttgart (1992).

[GK99]   L. Grüne, P.E. Kloeden: Pathwise Approximation of Random ODEs. Preprint 26/99. Frankfurt 1999.

[Ha86]   W. Hackbusch: Theorie und Numerik elliptischer Differentialgleichungen. Teubner, Stuttgart (1986).

[HH64]   J.M. Hammersley, D.C. Handscomb: Monte Carlo Methods. Methuen, London (1964).

[HH94]   G. Hämmerlin, K.-H. Hoffmann: Numerische Mathematik. 4. Auflage. Springer, Berlin (1994).

[HT78]   W. Hengartner, R. Teodorescu: Einführung in die Monte–Carlo–Methode. Carl Hanser Verlag, München (1978).

[He99]   N. Henze: Stochastik für Einsteiger. Vieweg, Braunschweig (1999).

[HPS92]   N. Hofmann, E. Platen, M. Schweizer: Option Pricing under incompletness. Mathem. Finance **2** (1992) 153–187.

[Hu97]   J.C. Hull: Options, Futures, and Other Derivatives. Third Edition. Prentice Hall International Editions, Upper Saddle River (1997).

[Ir98]   A. Irle: Finanzmathematik. Die Bewertung von Derivaten. Teubner, Stuttgart (1998).

[IK66]   E. Isaacson, H.B. Keller: Analysis of Numerical Methods. John Wiley, New York (1966).

[Ja71]   L. Jantscher: Distributionen. deGruyter, Berlin (1971).

[KMN89]   D. Kahaner, C. Moler, S. Nash: Numerical Methods and Software. Prentice Hall Series in Computational Mathematics, Englewood Cliffs (1989).

[KA78]   L.W. Kantorowitsch, G.P. Akilow: Funktionalanalysis in normierten Räumen. Akademie-Verlag, Berlin (1978).

[KS91]   I. Karatzas, S.E. Shreve: Brownian Motion and Stochastic Calculus. Second Edition. Springer Graduate Texts, New York (1991).

[KS98]   I. Karatzas, S.E. Shreve: Methods of Mathematical Finance. Springer, New York (1998).

[KP92]   P.E. Kloeden, D. Platen: Numerical Solution of Stochastic Differential Equations. Springer, Berlin (1992).

[KPS94]   P.E. Kloeden, E. Platen, H. Schurz: Numerical Solution of SDE Through Computer Experiments. Springer, Berlin (1994).

[Kn95]   D. Knuth: The Art of Computer Programming, Vol 2. Addison–Wiley, Reading (1995).

[Ko99]   R. u. E. Korn: Optionsbewertung und Portfolio-Optimierung. Vieweg, Braunschweig (1999).

[Kw98]   Y.K. Kwok: Mathematical Models of Financial Derivatives. Springer, Singapore (1998).

[La99]   K. Lange: Numerical Analysis for Statisticians. Springer, New York (1999).

[Man99]   B.B. Mandelbrot: A multifractal walk down Wall Street. Scientific American, Febr. 1999, 50–53.

[Ma68]   G. Marsaglia: Random Numbers Fall Mainly in the Planes. Proc. Nat. Acad. Sci USA **61** (1968) 23–28.

[Mas99]   M. Mascagni: Parallel Pseudorandom Number Generation. SIAM News **32**, 5 (1999).

[Mi74]   G. Milshtein: Approximate Integration of Stochastic Differential Equations. Theor. Prob. Appl. **19** (1974) 557–562.

[Mo95]   B. Moro: The Full Monte. Risk **8** (1995) 57–58.

[MC94]   W.J. Morokoff, R.E. Caflisch: Quasi-Random Sequences and their Discrepancies. SIAM J. Sci. Comput. **15** (1994) 1251–1279.

[Mo98]   W.J. Morokoff: Generating Quasi-Random Paths for Stochastic Processes. SIAM Review **40** (1998) 765–788.

[Mo96]   K.W. Morton: Numerical Solution of Convection-Diffusion Problems. Chapman & Hall, London (1996).

[MR97]   M. Musiela, M. Rutkowski: Martingale Methods in Financial Modelling. Springer, Berlin (1997).

[Ne96]   S.N. Neftci: An Introduction to the Mathematics of Financial Dervatives. Academic Press, San Diego (1996).

[Ni78]   H. Niederreiter: Quasi-Monte Carlo Methods and Pseudo-Random Numbers. Bull. Am. Math. Soc. **84** (1978) 957–1041.

[Ni92]   H. Niederreiter: Random Number Generation and Quasi–Monte Carlo Methods. Society for Industrial and Applied Mathematics, Philadelphia (1992).

[Ni95]   H. Niederreiter, P. Jau–Shyong Shiue (Eds.): Monte Carlo and Quasi–Monte Carlo Methods in Scientific Computing. Proceedings of a Conference at the University of Nevada, Las Vegas, Nevada, USA, June 23–25, 1994. Springer, New York (1995).

[Øk98]   B. Øksendal: Stochastic Differential Equations. Springer, Berlin (1998).

[PT96]   A. Papageorgiou, J.F. Traub: New Results on Deterministic Pricing of Financial Derivatives. Columbia University Report CUCS-028-96 (1996).

[PT95]   S. Paskov, J. Traub: Faster Valuation of Financial Derivatives. J. Portfolio Management **22** (1995) 113–120.

[Pf91]   J. Pfanzagl: Elementare Wahrscheinlichkeitstheorie. de Gruyter, Berlin (1991).

[PTVF92]   W.H. Press, S.A. Teukolsky, W.T. Vetterling, B.P. Flannery: Numerical Recipes in FORTRAN. The Art of Scientific Computing. Second Edition. Cambridge University Press, Cambridge (1992).

[Re96]   R. Rebonato: Interest-Rate Option Models: Understanding, Analysing and Using Models for Exotic Interest-Rate Options. John Wiley & Sons, Chichester (1996).

[Ri87]   B.D. Ripley: Stochastic Simulation. Wiley Series in Probability and Mathematical Statistics, New York (1987).

[RT97]   L.C.G. Rogers, D. Talay (Eds.): Numerical Methods in Finance. Cambridge University Press, Cambridge (1997).

[Ru81]   R.Y. Rubinstein: Simulation and the Monte Carlo Method. Wiley, New York (1981).

[SH97]   J.G.M. Schoenmakers, A.W. Heemink: Fast Valuation of Financial Derivatives. J. Comp. Finance **1** (1997) 47–62.

[Sc80]   Z. Schuss: Theory and Applications of Stochastic Differential Equations. Wiley Series in Probability and Mathematical Statistics, New York (1980).

[Sc91]   H.R. Schwarz: Methode der finiten Elemente. Teubner, Stuttgart (1991).

[Sc93]   H.R. Schwarz: Numerische Mathematik: Teubner, Stuttgart (1993).

[Sm78]   G.D. Smith: Numerical Solution of Partial Differential Equations: Finite Difference Methods. Second Edition. Clarendon Press, Oxford (1978).

[SM94]   J. Spanier, E.H. Maize: Quasi-Random Methods for Estimating Integrals Using Relatively Small Samples. SIAM Review **36** (1994) 18–44.

[St89]   J. Stoer: Numerische Mathematik 1. Springer, Berlin (1989).

[SB89]   J. Stoer, R. Bulirsch: Numerische Mathematik 2. Springer, Berlin (1989).

[SW70]   J. Stoer, C. Witzgall: Convexity and Optimization in Finite Dimensions I. Springer, Berlin (1970)

[St86]   G. Strang: Introduction to Applied Mathematics. Wellesley, Cambridge (1986).

[SF73]   G. Strang, G. Fix: An Analysis of the Finite Element Method. Prentice-Hall, Englewood Cliffs (1973).

[Te95]   S. Tezuka: Uniform Random Numbers: Theory and Practice. Kluwer Academic Publishers, Dordrecht (1995).

[Th95]   J.W. Thomas: Numerical Partial Differential Equations: Finite Difference Methods. Springer, New York (1995).

[TW92]   J.F. Traub, H. Wozniakowski: The Monte Carlo Algorithm with a pseudo-random generator. Math. Computation **58** (1992) 323–339.

[Va62]   R.S. Varga: Matrix Iterative Analysis. Prentice Hall, Englewood Cliffs (1962).

[Vi81]   R. Vichnevetsky: Computer Methods for Partial Differential Equations. Volume I. Prentice-Hall, Englewood Cliffs (1981).

[We92]   J. Werner: Numerische Mathematik 1. Vieweg, Braunschweig (1992).

[WDH96]   P. Wilmott, J. Dewynne, S. Howison: Option Pricing. Mathematical Models and Computation. Oxford Financial Press, Oxford (1996).

[Wl87]   J. Wloka: Partial Differential Equations. Cambridge University Press, Cambridge (1987).

[Za97]   R. Zagst: Value at Risk (VaR) — Viele Wege führen ans Ziel. Solutions **1**, Zeitschrift der Allfonds, München (1997) 11–15.

[Zi77]   O.C. Zienkiewicz: The Finite Element Method in Engineering Science. 3. Auflage, London (1977). (Dt. Übersetzung: Methode der finiten Elemente. Leipzig 1974).

Index

L. Råde, B. Westergren

Springers Mathematische Formeln

**Taschenbuch für Ingenieure,
Naturwissenschaftler,
Wirtschaftswissenschaftler**

Bearbeitet von **P. Vachenauer**

Aus dem Englischen übersetzt von
P. Vachenauer

2., korr. u. erw. Aufl. 1997.
II, 551 S. Brosch.
DM 48,-; öS 351,-; sFr 44,50
ISBN 3-540-62829-0

*"Sowohl Diktion als auch Stoffauswahl
und -aufbau entsprechen genau dem Stil,
wie heute die Mathematik an
Technischen Universitäten gelehrt wird.
Besonders wertvoll sind dabei die tabel-
larischen Übersichten zu den mehr
abstrakten Tabellen der Mathematik und
nicht zuletzt die umfangreichen Tabellen
zur Analyse, für Spezielle Funktionen
und für die Wahrscheinlichkeitstheorie
und Statistik..."*

ZAMM

*"...die wichtigsten in der Ausbildung von
Mathematikern, Naturwissenschaftlern
und Technikern auftretenden mathematischen Formeln...auch aus modernen
Anwendungsgebieten der Mathematik.
Ein hervorragendes Werk, das seit seinem Erscheinen so großes Interesse
gefunden hat, daß nach kurzer Zeit
bereits eine Neuauflage nötig wurde..."*
*Internationale Mathematische
Nachrichten*

Springer · Kundenservice
Haberstr. 7 · 69126 Heidelberg
Tel.: 0 62 21-345 200 · Fax.: 0 62 21-300 186
Bücherservice: e-mail: orders@springer.de
Zeitschriftenservice: e-mail: subscriptions@springer.de

Preisänderungen und Irrtümer vorbehalten. d&p · 66889 SF/1

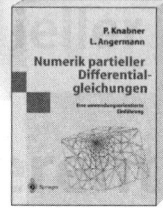

K. Jänich

Lineare Algebra

8. Aufl. 2000. XII, 272 S. Brosch.
DM 39,90; öS 292,-; sFr 37,-
ISBN 3-540-66888-8

P. Knabner, L. Angermann

Numerik partieller Differentialgleichungen

Eine anwendungsorientierte Einführung

2000. X, 256 S. 40 Abb. Brosch.
DM 59,90; öS 438,-; sFr 54,50
ISBN 3-540-66231-6

K. Königsberger

Analysis 1

4., neubearb. u. erw. Aufl. 1999. XIII,
406 S. 141 Abb., 250 Aufgaben mit
Lösungen. Brosch.
DM 39,90; öS 292,-; sFr 37,-
ISBN 3-540-66153-0

K. Königsberger

Analysis 2

3. Aufl. 2000. X, 464 S. 135 Abb. Brosch.
DM 39,90; öS 292,-; sFr 37,-
ISBN 3-540-66902-7

Springer · Kundenservice
Haberstr. 7 · 69126 Heidelberg
Tel.: 0 62 21-345 200 · Fax.: 0 62 21-300 186
Bücherservice: e-mail: orders@springer.de
Zeitschriftenservice: e-mail: subscriptions@springer.de

Preisänderungen und Irrtümer vorbehalten. d&p · 66889 SF/2

Wie können wir unsere Lehrbücher noch besser machen?

Diese Frage können wir nur mit Ihrer Hilfe beantworten. Zu den unten angesprochenen Themen interessiert uns Ihre Meinung ganz besonders. Natürlich sind wir auch für weitergehende Kommentare und Anregungen dankbar.

Unter allen Einsendern der ausgefüllten Karten aus **Springer-Lehrbüchern** verlosen wir pro Semester **Überraschungspreise** im Wert von insgesamt **DM 5000.– !**

(Der Rechtsweg ist ausgeschlossen)   Springer-Verlag

Wie wichtig sind Ihnen die nachstehenden Kriterien beim Kauf von Lehrbüchern?

	sehr wichtig				unwichtig
moderne Didaktik	❑	❑	❑	❑	❑
angemessener Preis	❑	❑	❑	❑	❑
renommierte Autoren	❑	❑	❑	❑	❑
gute Besprechungen	❑	❑	❑	❑	❑
prüfungsrelevanter Inhalt	❑	❑	❑	❑	❑
lerngerechter Umfang	❑	❑	❑	❑	❑
hochwertige Ausstattung	❑	❑	❑	❑	❑

Was hat Sie zum Kauf des vorliegenden Lehrbuchs bewogen?

❑ die Empfehlung eines Dozenten
❑ die Empfehlung eines Kommilitonen
❑ stand schon lange auf meiner Wunschliste
❑ habe ich im Buchhandel gesehen und spontan gekauft
❑ andere Werbemittel (Internet, Verzeichnisse, Plakat, etc.)

Was hat Ihnen am vorliegenden Lehrbuch gefallen, was könnte bei einer Neuauflage verbessert werden?

_____

_____

_____

Zu welchem Zweck haben Sie dieses Buch gekauft?

❑ zur Prüfungsvorbereitung im Fach
❑ zur Verwendung neben einer Vorlesung
❑ zur Nachbereitung einer Vorlesung
❑ zum Selbststudium
❑ _____

Welche der folgenden Merkmale sind Ihnen bei Mathematik-Lehrbüchern besonders wichtig?

❑ Aufgaben   ❑ Symbolverzeichnis
❑ Lösungswege   ❑ Literaturverzeichnis
❑ Beispiele   ❑ Randspalten
❑ farbige Abbildungen   ❑ Lernhilfen auf beigelegter Diskette

Titel des Buches: Seydel – **Einführung in die numerische Berechnung von Finanz-Derivaten**

Absender:

Name/Vorname	Alter
Str./Nr.	
PLZ, Ort	

Bitte tragen Sie Ihre Angaben deutlich lesbar ein, damit wir Ihnen Ihren Gewinn zuschicken können. Selbstverständlich werden Ihre Daten vertraulich behandelt.

Ich bin an der Uni in _____

als ❏ Student/in im ❏ Grundstudium ❏ Hauptstudium
     ❏ Diplomand ❏ als Doktorand ❏ als Dozent
     ❏ Ich bin in der Industrie/Forschung tätig

Fachrichtung ❏ Mathematik   ❏ Informatik
              ❏ Physik   ❏ Elektrotechnik
              ❏ Maschinenbau   ❏ Bauwesen
              ❏ Wirtschaftswissensch. ❏ Andere

mehr unter http: //www.springer.de

Bitte
ausreichend
frankieren!

Antwort

Springer-Verlag
Planung Mathematik
Postfach 105280

69042 Heidelberg